# SMART 養兔寶典

# The **RABBIT** OWNER'S Handbook

# 自 序
## 緣起不滅

　　猶記得在我十二歲那年，在家鄉台南老街的夜市裡，遇見了我生命中的第一隻兔兔─肥肥。當時一整窩柔軟的小兔兔都正熟睡著，只見一隻灰色的小兔子忽然站起來用前腳洗臉，那認真賣力的模樣深深地打動了我的心，於是和姊姊向母親央求帶牠回家，就這樣肥肥成了家中正式的一員。

　　在四年的光陰裡朝夕相隨、形影不離，直到我自小女孩蛻變成少女，終於深刻的體驗到兔兔原來是如此冰雪聰明、喜愛整潔、會到固定地方上廁所、會和人親近，偶爾也需要蹓兔散步。原來一直以來傳統社會對兔兔有太多誤解

了！當下年輕的我在心中暗暗許下一個願望，有朝一日我要讓世人瞭解兔兔的真性情，停止牠們長久以來因被無心錯誤的對待而提早結束短暫生命的悲劇。從此我的生命不能沒有兔兔的陪伴，我立志要和兔兔共同舞出一首美好樂章，因為兔兔的好我全知道。於是這個連我自己也說不出所以然的強烈使命感，促使在二十年後的今天《養兔寶典》一書的誕生。

本書主要參考日系養兔專門書籍的醫學資料，再匯整自己多年的養兔經驗與研究而完成。在無數個夜晚裡挑燈夜戰，多年的兔兔藏書和各種語言工具辭典成了我的好伙伴。隨著截稿日的接近，書桌上的手稿愈堆愈高，和夢想之間的距離也愈來愈近。每當碰到研究瓶頸難以前進的時候，我的腦海總會出現一對對無辜純潔的兔兔眼神，彷彿向我默默訴說著對這本書問世的期望，於是剎那間我又鼓足了向前衝刺的勇氣，努力地將它以最快的速度完成。

希望此書對正在飼養兔兔的讀者而言，能有各方面的助益。筆者堅持只引用先進國家具根據並已出版的兔兔醫學或研究數據，力求一切資訊來源皆正確無誤。所以在此提醒想養兔的朋友，當您決定要養兔的時候，其實問題正要開始。更期盼每位主人都能有正確的飼養觀念，才能和兔兔過著幸福快樂的生活，而兔兔也才能因此健康長壽。

此書能順利完成，首先要感謝台灣大學獸醫學系教授郭宗甫博士的審定，以及出版社們給予的建議和自願擔任打字的小天使群們Lili Shin、Chien、Sylvia、貞吟。還有熱心參與拍攝的兔兔模特兒們，以及相機協力兔姐兒、Gary、餅乾媽。最後要感謝男傭和小文對我這條漫長兔兔之道一路走來的精神支持。千言萬語訴說不盡的悸動，全在我心頭不停盪漾。著作完成了，但對兔兔的一切研究不會因此停止。緣起不滅，我的癡狂和對兔兔的愛苗還會繼續炙熱地燃燒下去！

## SMART 養兔寶典
### The RABBIT OWNER'S Handbook

# 前言

## 瞭解你的寶貝

# 前言

## ■ 家兔在動物分類學上的位置

界 動物界（Animalia）
　門 脊索動物門（Chordata）
　　亞門 脊椎動物亞門（Vertebrata）
　　　綱 哺乳動物綱（Mammalia）
　　　　目 兔形目（Lagomorpha）
　　　　　科 兔科（Leporidae）
　　　　　　屬 兔屬（Oryctolagus）
　　　　　　　種 家兔種（Cuniculus）
　　　　　　　　品種
　　　　　　　　　變種
　　　　　　　　　　品系

在動物分類學中，兔科一共有十屬四十四種，其中有兩屬佔總數的大半。一為野兔屬（hare），一為穴兔屬（rabbit）。野兔生活在野生草原中，穴兔則在地底挖掘洞穴而居。目前我們所當寵物飼養的兔兔稱為家兔，是由穴兔歷代改良而來。所以平日觀察家中的兔兔，其實都還保留著用前腳做出挖掘地板的動作，這就是身為穴兔後代最好的証明。野兔與家兔之不同，在於野兔出生時已長滿了毛，眼睛也已睜開；同時於出生後數分鐘內便可奔跑。

▲ 目前我們所當寵物飼養的兔兔稱為家兔，是由穴兔歷代改良而來。

野兔的腿較家兔長，在奔跑時其跳躍的步伐也比較大。從外觀上看起來，穴兔較野兔的前腳為短，坐姿也較野兔矮，耳朵也較短。穴兔原分佈在歐洲地區，常在草原、田地、森林等地挖洞。巢穴中是由一隻公兔和2~3隻母兔共同組成一個家庭，和其所繁衍的小兔生活在一起。穴兔聚集在地底下且形成一個部落，部落裡可能有數十隻甚至數百隻兔子。

洞穴的結構包括巢室、逃生口、公廁、錯身處、無尾巷路……等等。

平常每隻穴兔行走的路線和排泄場所是固定的，大家各有各的勢力範圍，堅守自己的巢室，不容其他兔子侵犯。無形卻有秩序的規範牽制著牠們，使得牠們能在看似迷宮的巢穴裡過著有條不紊的生活。另一方面，目前由穴兔演化而來的家兔因已被馴養，自行求生的能力低下，因此需要主人全心全意地呵護與照顧。

▲ 由穴兔演化而來的家兔因已被馴養，自行求生的能力低，需要主人全心全意地呵護與照顧。

# 前言

## ■ 兔兔的一生

### 誕 生 期

人類：0歲
兔兔：0歲

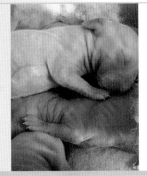

以人類的情況來說，從受精那一刻起到出生為止的懷孕期間約為二百八十日。然而對兔兔來說，懷孕期則因品種、季節而有所不同；平均大約是三十至三十二日左右。剛出生的兔兔嬰兒就已經有乳牙；大約到出生後第四至五日胎毛會長齊；到第十日左右眼睛會完全打開。

### 斷 奶 期

人類：2歲
兔兔：4～6週

兔兔和人類一樣皆屬於哺乳類動物，出生之後是由母兔以母乳哺育。人類的嬰兒大約二歲斷奶，而兔兔嬰兒的斷奶時間大約是出生後的第四週到第六週能完全離乳。

### 幼 年 期

人類：6歲
兔兔：2個半月

此時的兔兔約二個半月大，正如同剛上小學的幼童一般活潑且蹦蹦跳跳地，不但開始學習新事物，也和同窩出生的兄弟姐妹之間的互動與社交，此時是決定成兔個性外向或內向的重要階段。

### 思 春 期

人類：12歲
兔兔：3～4個月

此時人類出現第二性徵，即台語俗稱的「轉大人」。兔兔的性成熟準備期約於出生後的第三至四個月，約等同人類的12歲左右。

## 青 春 期

人類：20歲
兔兔：6～8個月

此時不但已經性成熟，體型也已經固定。人類20歲已經能行使公民權，等於兔兔的六至八的月大，已經是獨立的成兔了。

## 成 年 期

人類：30～40歲
兔兔：2～3歲

這是一生中最活躍的時期，個性已經成熟穩定，要注意各種身體的活動，避免意外發生。

## 中 高 年 期

人類：55歲
兔兔：5歲

超過四至五歲後，兔兔的身體也開始邁入高齡，新陳代謝率逐漸下降，要注意此時的體重管理。

## 高 齡 期

人類：60歲
兔兔：6歲

人類此時退休，從此邁入老年生活。兔兔的食慾會不如往常，抵抗力也會低落，健康管理比什麼重要，主人要付出比幼兔期更多的愛心來照顧。

## ■ 一年四季飼育注意事項

### 春2～4月（立春至立夏）

天氣逐漸回暖，兔兔的身體開始敏感地察覺到春季的到來，身體的新陳代謝變得活躍，食慾也漸漸增加，兔兔開始活動筋骨，活動力增加，性慾也大增。但要注意天氣不穩定，可能會忽冷忽熱，早晚溫差更大，窩裡要鋪棉製墊子會小毛毯讓兔兔保暖，以預防感冒的發生。回暖時將毯子移除，變冷時再置入，以將溫差之程度減少至最低。

### 夏5～7月（立夏至立秋）

兔兔覺得舒適的溫度是幾度？不管是各國養兔的書或獸醫師的回答都不盡相同，也許是因為各國的氣候有所差異，長毛兔和短毛兔的感覺又有所差別，所以沒有一定的答案。但可以確定的是，台灣的夏天對兔兔來說太熱了！要注意兔兔所處之地的溫度，兔籠務必擺在陰涼通風處，日光不得直射兔兔，也不可擺放在冷氣口或風直吹的地方，電風扇需設定在迴轉狀態，不要直吹。籠內可鋪設磁磚或涼墊供兔兔躺臥，若磁磚睡熱了，可用清水沖涼後再度使用。冷氣也不要設定太冷的溫度，以免和戶外溫差太大。如冷氣加電扇一起使用，冷氣設定約在27度就挺涼快了，單獨開冷氣時可設在25~26度，雨天記得轉換成除溼。沒冷氣吹的兔兔，另可用保特瓶放入保冷劑或水，冷凍後放在兔兔籠子外側以降溫，電風扇也別忘了開著。再者，長毛兔可將毛髮剃短，但肚子部位別剃光。

▲ 沒冷氣吹的兔兔，可另外以保特瓶放入保冷劑或水，冷凍後放在兔兔籠子外側以降溫。

兔兔若中暑時血液的流速會加快，短時間內會引起肝臟、腎臟、中樞神經的障礙，嚴重會脫水，電解質失衡，然後可能死亡。夏天對兔兔來說是很辛苦的季節，主人應協助預防中暑和因梅雨、颱風帶來的溼氣所產生的皮膚病。

### 秋8～10月（立秋至立冬）

雖然秋老虎的威力正在發作，但兔兔體內的生理時鐘已經開始在運轉，準備要過冬了，所以兔兔開始大換毛，從鼻尖一直逐漸換到尾部。換好的毛密度高，用來抵擋即將到來的嚴寒。此時因為需要儲存能量，所以兔兔的食慾會大增，真可謂「食慾之秋」，可增加兔兔的運動量，促進新陳代謝，毛會換得快又美，秋季也是肥胖兔減肥的最好時機，因代謝快，如選對減重食物，再加上充份運動，兔兔瘦身成功不再是夢想！要注意毛

球症發作，多吃新鮮鳳梨和木瓜，每天梳理毛髮，都可以預防危機。

### 冬11～1月（立冬至立春）

因地球暖化現象的產生，台灣的冬季也變得難以預測，氣象專家預計不是極寒就是極暖，暖冬可能會佔較久的時間，然後時間突然向後延伸。這對兔兔來說更將難以適應，且會產生極大的壓力。同時也考驗著主人的智慧，究竟該如何幫助兔兔安然的度過這樣的冬季？應該讓兔兔所在之處的溫差減到最低程度，白天籠內鋪小毯子，晚上再加蓋防風罩在籠子上，甚至放保暖墊，剛出生的幼兔更要吊掛20燭光的小燈泡以防失溫。籠內空間夠大的話，可放置草屋或自行製作紙箱屋供兔兔躲避，早上天氣回暖後，別忘了掀開防風罩，以平衡日夜的溫差。

兔兔是最棒的默劇演員，豐富的肢體語言，搭配可愛無辜的表情，都在向你發佈訊息，只要用心仔細觀察，你也可以貼切地感受寶貝的喜怒哀樂！現在就來瞭解如何和寶貝心靈相通吧！

# 前言

| 動　作 | 意　義 |
|---|---|
| 用兩隻腳站立 | 1. 突然聽到聲音、警戒中<br>2. 要東西吃<br>3. 想出來玩 |
| 直立站著用腳摩擦口鼻 | 1. 清潔時間到囉<br>2. 感到緊張 |
| 用前腳拉下舔耳朵 | 洗耳朵，二耳會交替洗 |
| 將前腳往身體內折成母雞蹲 | 1. 天氣冷保暖<br>2. 休息中 |
| 身體拉長躺在地上 | 很放鬆的姿勢 |
| 「咚」地一聲突然翻躺 | 真正認同這個地方，很有安全感的姿勢 |
| 用後腳用力「碰！碰！」地跺腳 | 1. 警告同伴有危險<br>2. 求偶 |
| 拉長前腳打喝欠 | 想睡覺，順便伸懶腰 |
| 耳朵放下貼在背上 | 放鬆且快要入睡 |
| 用後腳用力「碰！碰！」地跺腳 | 1. 警告同伴有危險<br>2. 求偶 |
| 用兩隻腳站立 | 1. 突然聽到聲音、警戒中<br>2. 要東西吃<br>3. 想出來玩 |
| 用下巴到處磨擦物品 | 下巴有腺體可以做記號，宣告勢力範圍 |
| 用舌頭舔人 | 撒嬌示好 |
| 用口鼻頂人 | 1. 想跟人玩<br>2. 嫌人擋路 |
| 用牙齒咬人 | 1. 忿怒<br>2. 攻擊示威 |
| 跑著跑著圖然垂直跳躍 | 傳說中的跳「兔子舞」，是兔兔心花怒放時才有的特別動作 |
| 跳到人身上 | 兔兔完完全全的信賴你，請給他一個溫暖的擁抱 |

## ■ 品　種

根據美國兔種培育者協會（ARBA
一American Rabbit Breeder Associa-
tion）認證的兔種共有46種。ARBA是
一個為了促進兔子和天竺鼠產業發展而

成立的大型協會，全球會員有四萬多
人。世界各國如果有新的兔種皆會送審
至ARBA，在通過嚴格的認證後，則正
式宣佈此兔種的存在；且審查標準每五
年修正一次，是世界各國兔種認證指標
的權威機構。

台灣常見的兔種

▲ 1.安哥拉兔

前言

▲ 2.紐西蘭兔

▲ 2.荷蘭侏儒兔

▲ 4.荷蘭垂耳兔

▲ 5.獅子兔

▲ 6.雷克斯兔

▲ 7.混種兔

# 1 部曲

## 培育健康兔兔的日常注意事項

# **1**部曲

## ■ 食　物

### 主食

　　家兔的主食是專用的飼料和牧草及潔淨的飲水，每餐進食時三者缺一不可。

　　兔兔是草食動物，原賴植物而生存。在自然環境理，植物生長季節中吃青草或菜蔬型式的植物，而乾旱季節中吃乾草或種籽。雖然如此，現今兔兔在人工的環境裡無法自由攝食，為避免營養不均衡，所以在兔兔的一餐中還是需要餵食人造飼料以彌補部份不足元素如鹽份和維生素等等。

### 一、飼料

　　一般我們可以在飼料包裝上看到粗灰分、粗蛋白質等等字眼，卻不知其意，現在看了飼料的基本成份架構圖後，相信各位可以一目了然，飼料簡言之就是由圖示之成份所組成的，主要是由牧草、豆類製成，一般會將含量以百分比（％）來表示。在選擇飼料的時候，水分的百分比應在15％以下，以避免水分含量過多容易發霉；兔兔身體所需的正常水分還是應由飲水中取得。另粗蛋白一般在13％以上，粗纖維介於20％～25％之間，粗脂肪在3％以下，此為正常成兔所需數據，成長期幼兔或

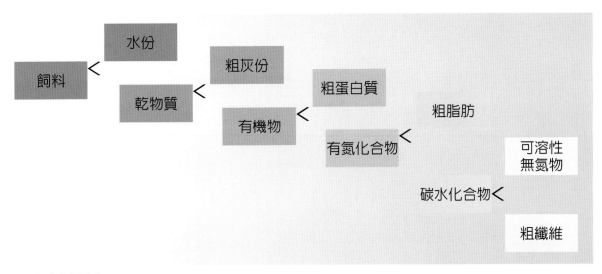

▲ 飼料成份表

懷育母兔或高齡兔不在上述之中。主人應隨著兔兔的成長階段不同作為選擇飼料的依據，一般來說，年齡與營養素成反比，與纖維質成正比；如在年齡越小，營養素中的粗蛋白所需越高，纖維質攝取較低；年齡越長，反之，粗蛋白之需求量漸低，纖維質之需求漸高。

**飼料的給予方法**

**1. 飼料的量**

餵食飼料的時候，一天的總量約為兔兔體重的5%（牧草量不包含在內）。如體重3kg的話約150g。當然，嬰幼兒兔兔、懷孕、餵奶中的母兔不在此限，後兩者採取全飼，即自由飲食以補充體力。準備一個磅秤以便隨時測量體重及食量，成長期幼兒更要每日量體重調整食量。

（正常飼料量計算小公式 3000g x 0.05 = 150g）

▲ 飼主應隨著兔兔不同的成長階段作為選擇飼料的依據，一般來說，年齡與營養素成反比，與纖維質成正比。

▲ 幫兔兔選購不同品牌飼料時，由於內容物可能有所不同，故應避免突然完全地將整個飼料換掉，以免造成兔兔拒食的情況產生。

## 2. 更換飼料

在幫兔兔選購不同品牌飼料時，由於內容物可能有所不同，故應避免突然完全地將整個飼料換掉。因為兔兔是非常神經質和膽小的動物，若突然強迫它吃沒吃過的飼料，可能會產生拒食的情況，甚至可能因心理壓力的關係而發生下痢的情形。所以更換不同種類飼料時，應採漸進式將新飼料加入舊飼料的方式，直到完全更換完畢為止。

## 3. 餵食飼料的次數和時間

原則上是早晨和傍晚各餵一次，時間最好能固定。因為兔兔是夜行性動物，夜間消化器官非常活躍，大約75%的糧食和水份是在晚上攝食，所以晚餐的份量要稍微比早餐多一點。（如以3kg兔兔為例，一天總量150g，早餐若

給40g，晚餐就給110g。）主人應依兔兔實際攝食情況隨時做調整。

## 二、牧草

### 關於牧草

牧草是和飼料並重的食物。因其養分和卡路里很低，纖維質高，故可無限量供應。為了避免常見的字義誤解，筆者認為將牧草稱為「可以食用的磨牙工具」甚至比「主食」一詞更貼切。為什麼這麼說呢？因為常聽到許多主人想說既然牧草是主食，那就給自己的兔兔光吃牧草而已，這樣是非常危險的做法，會導致兔兔營養不良或死亡。在此鄭重叮嚀主人，「無論任何食物都請勿單一餵食」。

兔兔是草食性動物，食物纖維的攝取對於牠們來說非常重要。如果沒有食

▲ 牧草不是兔兔的主食，大量地餵兔兔吃牧草是非常危險的做法，這可能會導致兔兔營養不良或死亡。

用足夠的纖維質,腸子的蠕動會變差,糞便也會變小。咀嚼次數少了,磨牙的次數減少,將導致牙齒過長的問題,兔兔的牙齒終其一生都在生長,因此選擇適合的牧草來當磨牙解憂的工具是非常重要的。除此之外,纖維成分多的食物能促進胃腸蠕動活躍,待消化的東西能盡早被推擠到達結腸。而平常兔兔因舔毛而吃下的毛,也可藉著大量的粗纖維而被排出胃部。多吃牧草可預防毛球症、肥胖症的發生,牧草對兔兔來說真的是一種非常好的食物。

常見乾燥牧草主要成份表

| | 粗蛋白 | 粗脂肪 | 粗纖維 | 粗灰分 |
|---|---|---|---|---|
| 提摩西草一番割 | 8.7 | 2.4 | 28.9 | 6.5 |
| 提摩西草二番割 | 8.2 | 2.3 | 27.8 | 6.1 |
| 果園草 | 10.9 | 2.8 | 27.9 | 7.0 |
| 小麥草 | 9.7 | 2.3 | 28.5 | 8.3 |
| 百慕達草 | 13.2 | 1.8 | 11.8 | 10.0 |
| 燕麥草 | 5.8 | 1.6 | 27.0 | 5.6 |
| 苜蓿草 | 19.5 | 1.8 | 19.5 | 12.1 |
| 盤固拉草 | 7.77 | / | 29.88 | 7.19 |

(百分比%)

簡而言之，豆科牧草如苜蓿草、燕麥草的營養較豐富，禾本科的牧草如盤固拉草、提摩西草相對較低。前者適合幼兔和懷孕、哺乳期的母兔，後者則為所有兔兔都適用。

餵食牧草時留置一大把供其隨食採食，草架若空出來要補滿，如果放置太久一直不吃要清掉，最好是每日更換。給予生鮮的牧草以一小時內能吃完的量為原則，吃剩下的也應清除。順便一提，準備清掉之乾淨牧草不要任意丟棄，可以收集起來做為籠底的墊料，請珍惜大自然的恩賜，不要隨意蹧踏資源。

## 牧草的長期保存要點

如大量採買，記得定時放在大太陽下直接日晒，以保持乾燥，防止蟲害。

▲ 若大量採購牧草，記得定時放在大太陽下直接日晒，以保持乾燥，防止蟲害。

▲ 牧草是大自然的產物，購買時請注意香味是否自然，以免買到添加人工香料的牧草。

## 牧草的選購要點

1. 每種草有它自然的顏色，不一定是綠色的，要注意別買到添加色素的草。

2. 牧草是大自然的產物，請注意香味是否自然，別買到添加人工香料的草。

3. 注意草是否有光澤，是否有蟲卵或霉味。

## 三、水

　　兔兔以喝純淨的水為宜，煮沸過冷卻的開水或蒸餾水皆可。如有泌尿系統疾病的兔兔不宜喝礦泉水，以免多餘礦物質難以隨尿液排出體外，易產生泌尿道結石。裝水的水瓶要經常巡視，檢查是否有瓶口鋼珠卡住喝不到水或瓶子漏水的問題，如有要立即汰換掉。水瓶的水最好每天更新以防細菌滋生，瓶子也要同時拆解清洗乾淨。

副食

一、蔬果

　　主人可選擇合適的蔬果來當兔兔的副食，不但可變化主食的單調口味，也能讓兔兔獲得更多的纖維質和維生素，水果方面選擇醣份（碳水化合物）低，水份較少的，以防兔兔吃太多而發胖或腹瀉。

　　根據下列詳細的成份比較，我們可以得知各種蔬果的營養內容，再依照自己兔兔的年齡、健康狀態自行調配每餐的內容物。基本上蔬果的卡路里和其他養份的需求和年齡成反比，年紀越小所需數據愈高，反之則顛倒。

▲ 兔兔可食用之蔬菜成份表　　　　（每100公克計算）

|  | 富含 | 卡路里 | 蛋白質 | 脂肪 | 碳水化合物 |
|---|---|---|---|---|---|
| 蘿蔔 | 維他命A | 37kcal | 0.6g | 0.1g | 9.1g |
| 高麗菜 | 維他命C | 23kcal | 1.3g | 0.2g | 5.2g |
| 青江菜 | 維他命A | 9kcal | 0.6g | 0.1g | 2.0g |
| 西洋芹 | 鉀 | 15kcal | 1.0g | 0.1g | 3.2g |
| 明日菜 | 維他命K | 33kcal | 3.3g | 0.1g | 6.7g |
| 油菜 | 鐵 | 14kcal | 1.5g | 0.2g | 2.4g |
| 綠花椰菜 | 維他命C | 33kcal | 4.3g | 0.5g | 5.2g |
| 萵苣 | 葉酸 | 12kcal | 0.6g | 0.1g | 2.8g |
| 花椰菜 | 磷 | 27kcal | 3.0g | 0.1g | 5.2g |
| 芹菜 | 錳 | 17kcal | 2.0g | 0.1g | 3.3g |
| 大白菜 | 鈣 | 14kcal | 0.8g | 0.1g | 3.2g |

**1** 部曲

▲ 兔兔可食用之水果成份表　　　　　　　　　　　　　（每100公克計算）

| | 富含 | 卡路里 | 蛋白質 | 脂肪 | 碳水化合物 |
|---|---|---|---|---|---|
| 鳳梨 | 酵素 維他命B1 | 51kcal | 0.6g | 0.1g | 13.4g |
| 木瓜 | 酵素 維他命A | 38kcal | 0.5g | 0.2g | 9.5g |
| 奇異果 | 維他命C | 53kcal | 1.0g | 0.1g | 13.5g |
| 草莓 | 葉酸 | 34kcal | 0.9g | 0.1g | 8.5g |
| 蘋果 | 果膠（屬食物纖維） | 54kcal | 0.2g | 0.1g | 14.6g |
| 西瓜 | 維他命A | 37kcal | 0.6g | 0.1g | 9.5g |
| 哈密瓜 | 鉀 | 42kcal | 1.1g | 0.1g | 10.3g |
| 葡萄 | 果糖 葡萄糖 | 59kcal | 0.4g | 0.1g | 15.7g |
| 香蕉 | 維他命B6 | 86kcal | 1.1g | 0.2g | 22.5g |

蔬果的餵食量約佔一日食量的10%，以3kg兔兔為例，一天總食量150g，蔬果量為150g x 0.1 = 15g，如分成兩餐餵則再除以2，即為7.5g。

二、點心

　　為了獎勵和訓練兔兔，可以用點心

來吸引兔兔，點心建議以蔬果為原料製作者較佳，通常都是將其直接脫水乾燥

▲ 乾燥蔬果成份表　　　　　　　　　　　　　　　　　　　　（每100公克計算）

| | 富含 | 卡路里 | 蛋白質 | 脂肪 | 碳水化合物 |
|---|---|---|---|---|---|
| 乾燥木瓜條 | 鈣 | 349kcal | 0.5g | 1.1g | 84.2g |
| 鳳梨乾 | 鈉 | 351kcal | 0.5g | 0.2g | 85.3g |
| 乾燥草莓 | 鈉 | 341kcal | 1.2g | 0.04g | 74.5g |
| 香蕉乾 | 維他命A | 287kcal | 3.6g | 0.4g | 74.3g |
| 蘋果乾 | 維他命C | 315kcal | 1.0g | / | 72.0g |
| 葡萄乾 | 維他命B1 | 315kcal | 3.8g | 0.2g | 83.4g |
| 蔓越莓乾 | 食物纖維 | 323kcal | 0.28g | 1.18g | 69.0g |
| 藍莓乾 | 食物纖維 | 311kcal | 1.1g | 1.1g | 74.2g |
| 蘿蔔乾 | 胡蘿蔔素（維他命A） | 276kcal | 7.7g | 1.8g | 5.4g |
| 乾燥高麗菜 | 鈣 | 220kcal | 1.2g | / | / |

（小）（叮）（嚀）

　　餵食蔬果時，從冰箱拿出來後，要先在室溫下擺放至恢復常溫後再給兔兔吃。兔兔可以餵食萵苣，但量必須限制，因萵苣中含有甲狀腺腫素（goitrogen），吃多了對兔兔有害。另外蘿蔔屬於脂溶性植物，吃太多可能會腹瀉。西瓜和哈密瓜則為涼性水果，也要限量，以防下痢。一般常見水果中，兔兔不能吃的水果為梨子、橘子、桃子、梅子等。兔兔不能吃的蔬菜以刺激性的為主，如洋蔥、蔥、蒜、辣椒等，另含鈉、鉀、鈣量高的也不宜，菠菜的草酸含量高，易和體內鈣結合，形成泌尿道結石，故也要少吃。而人類的餅干零嘴類食品，則絕不能讓兔兔們食用。

製成。要選擇沒有添加人工香料和色素的才好，但蔬果乾燥後和新鮮的狀態比起來，由表格可清楚見到熱量和鈣、鈉、脂肪的含量相較下都明顯高出許多；有些甚至也會加過量的糖，要選無任何添加者為佳，如主人不放心的話，可用舌尖試舔看看，以確認甜度是否自然。如果可以的話，直接給新鮮水果當點心是最好的。話雖如此，但無添加物的蔬果乾還是比澱粉做的餅乾健康多了，如果餵食兔兔專用澱粉製品，記得還是以獎勵的目的者為佳。

### 三、兔兔可食的藥用植物

穴兔生活在野外，如果生病的時候，自己會找藥草吃，以治療身體的不

▲ 穴兔生活在野外，如果生病的時候，自己會找藥草吃，故飼主人可選擇適當的乾燥藥草給兔兔作為保健用。

適。故主人可適當選擇並適量提供給兔兔作為保健用，可自行種植生鮮藥草，也可給予乾燥藥草。蒲公英俗稱兔兒菜，是兔兔的好朋友，可利尿解毒，養分豐富但高鈣，荷蘭芹亦具利尿作用，車前草和鼠尾草具抗菌作用，薄荷具收斂作用，迷迭香可緩和疼痛，紫蘇和酢醬草可補充營養。值得一提的是，覆盆子果實可作為母兔子宮保健之選擇。另外小金英又稱為兔兒菜，是兔兔的好朋友，可收斂消炎。餵食時一天別超過一種，以少量幾分鐘便能吃完為佳。

| 藥 草 名 | 主 要 作 用 | 實 際 功 效 |
|---|---|---|
| 蒲 公 英 | 利 尿 解 毒 | 利尿、另可緩和下痢症狀，營養豐富但鈣含量高 |
| 車 前 草 | 抗 菌 作 用 | 緩和皮膚炎症，葡萄球菌引起的呼吸疾病、泌尿及消化系統的疾病 |
| 鼠 尾 草 | 抗 菌 作 用 | 緩和口部或皮膚之細菌感染或潰瘍，及腸內細菌異常、疝氣痛、脹氣鼓腸等 |
| 覆 盆 子 果 實 | 營 養 補 助 | 母兔懷孕時、產後的強狀劑，促進子宮內周圍平滑肌收縮使有彈力 |
| 薄 荷 草 | 收 斂 作 用 | 抗風濕，止癢收斂 |
| 酢 醬 草 | 營 養 補 助 | 含豐富維他命與礦物質，可強壯身體 |
| 檸 檬 香 茅 | 促 進 消 化 | 血液循環和消化的促進 |
| 迷 迭 香 | 緩 和 疼 痛 | 提高新陳代謝，減輕疼痛 |
| 紫 蘇 | 營 養 補 助 | 富含維他命A |
| 荷 蘭 芹 | 利 尿 作 用 | 利尿促進，改善消化器官，提昇生理機能 |
| 小 金 英 | 消 炎 作 用 | 收斂消炎，改善腫毒、膀胱尿道炎、便祕、皮膚病 |

## ■ 緊　迫

　　兔兔在極度的壓力之下會產生「緊迫」的情況，此時會呼吸急促、心跳加速，嚴重時甚至會休克死亡。壓力分為二種，一種為生理方面的壓力，另一種為心理方面的壓力。

　　在生理壓力方面，冷熱間溫度急遽的變化，濕度的影響、牙齒太長缺少磨牙等等持續的苦痛，或者噪音、其他動物的叫聲、電視聲等等，甚至兔兔本身生病的痛苦，都會造成緊迫的情形。

　　在心理方面，忽然改變居住環境（如搬家、住院）、一起養的兔兔不在了、或新養了別的兔兔、或一起養的兔兔全關在同一個籠子裡等等，都會讓原本的兔兔感到心理壓力倍增。

　　兔兔很容易受到驚嚇；突發的吵鬧聲，或突然出現的陌生人或狗，都會令兔兔感到驚慌，並在籠子裡來回奔馳幾分鐘。一隻兔兔的驚慌會很快傳達給別的兔兔，儘管是隔壁籠的兔兔也會很快受到影響。這種現象，既迅速又狂野，甚至於導致損傷。此時應立即排除壓力的來源，並輕撫兔兔的額頭和背部，輕聲地安撫它直到情緒緩和為止。

　　一隻有緊迫情形的兔兔，可能糞便會突然變小，或拉肚子、產生軟便、胃停滯、脫毛、流口水、放棄育兒、無乳症（沒有乳汁）、免疫力降低、驚嚇至死……等等，其影響不容小覷。

▲ 兔兔很容易受到驚嚇。一隻兔兔的驚慌會很快傳達給另一隻兔兔，即使是隔壁籠的兔兔也會很快受到影響。

## ■ 繁　殖

兔兔是誘發性排卵的動物，也就是交配後才會排卵，所以幾乎是百發百中。排卵大約發生於交配刺激後9至13小時。交配的刺激使腦下垂體釋放出黃體生成激素，作用於卵巢的濾泡，使濾泡成熟以排出卵子，並使已排出卵的濾泡發育轉變成黃體且分泌黃體激素，以維持懷孕的需要，兔兔的卵子直徑達160微米（u），為哺乳動物之中卵子最大者。繁殖行動在春季最活躍，在秋季其次。

繁殖適齡期約在五個月大至三歲之間，關於性成熟期，小型兔為4~5個月，中型兔為5~7個月，大型兔8~10個月。懷孕期間約31至32日，產子數平均4~12隻，實際數量依品種而有所不同。胎數和氣溫高低有非常密切的關係，例如在冬季或較冷的月份時稍高，而夏季則較低，每窩兔嬰兒的性別比例，約為公兔53%，母兔47%，所以兔媽咪生男生女的比例很高喲！

▲ 母兔胎數和氣溫高低有非常密切的關係，例如在冬季或較冷的月份時胎數稍高，而夏季則較低。

▲ 以上為典型的交配過程。母兔通常會將臀部抬高到理想的交配高度以接受公兔，整個交配過程僅需幾秒鐘便可完成。

## 交配

　　大自然孕育生命的力量真的很強大，如果家中同時有公兔和母兔，就算不住在家裡同一個地方，他們還是會想盡辦法交配。筆者就曾有這種意外的經驗，公兔住後院，母兔住前院，原以為隔了很遠又有門阻擋非常安全，結果某日他們趁主人不在，竟然同時各自挖破紗門，然後牛郎織女排除萬難在客廳相遇結合。等我回家，只見兔情侶木已成舟，各自躺在地板上喘息，筆者只好面

色鐵青地認命當現成的兔嬤。話說回來，如果不想兔滿為患，那就幫兔兔結紮，否則就算分開住還是會有意外發生的可能。

　　交配時，會先來一段求愛追逐，公兔會舉起尾巴朝著母兔噴尿和跺腳，在正常的情況下，公兔幾乎很快地立刻表現出騎乘動作，而母兔通常會將臀部抬高到理想的交配高度以接受對方，整個交配過程僅需幾秒鐘便可完成。「達陣」時，公兔的後肢會離開地面，因而會失

▲ 母兔懷孕初期從外表很難看出來，腹部觸診是測定是否懷孕最普通的方法，亦可到獸醫院做超音波檢查。

去平衡而倒在地上，也常會伴隨著一種很特殊的高亢叫聲。如果公兔表現出「摔在地板上」的動作，即表示此次交配任務已經達成。

母兔懷孕初期外表很難看得出來，腹部觸診是測定是否懷孕最普通的方法，亦可到獸醫院做超音波檢查。觸摸時手指要非常輕柔地在下腹部前後移動，以姆指、食指或中指的感覺來判斷是否有胚胎存在。如已懷孕，且孕期已進入中期，則小兔胚胎可以很明顯地感覺到像「小球」一般一顆一顆地排列在腹部兩側的位置。

此時兔媽咪就會顯得比平常食量大，情緒上也會變得焦慮，並以口拔下自己脖子、胸、腹及乳頭旁的毛開始積極地築巢。主人應馬上準備一個巢箱供母兔使用。可以採用紙箱或木箱，大小要足夠母兔在裡面活動，並方便轉身、進出……等等。主人要放大量的草供母兔築巢，也可以放乾淨的棉花供它使用，增加萬一兔媽咪毛拔得不夠的量，

以防小兔出生後失溫而死亡。

## 分娩

分娩多半發生於深夜至清晨，過程常於30分鐘內完成，生產時母兔採蹲屈的姿勢，頭低於二腳之間，以口部輔助出生，並馬上舔乾淨胎兒上的胎膜。兔兔雖是草食動物，但母兔通常會吃掉胎盤，並同時咬斷臍帶自己接生。泌乳量夠的母兔亦會此時完成第一次的哺乳，用毛覆蓋好仔兔之後迅速離開。因為在野外有掠食者，母兔會馬上離開小兔，是因為不想自己的味道曝露在外，使小兔被發現而因此被敵人吃掉，所以只有餵奶時會靠近小兔。如果母兔想離開籠子，主人應立即打開門讓它出來，不要強迫母子在一起，否則母兔情緒一旦失控，會傷害小兔子，為了保護孩子甚至會咬傷或吃掉它們。

大部份出生兒的胎重，

成長於懷孕的後14天。國外研究以紐西蘭兔為例，懷孕16天時的個別胎重為0.5~1公克，至第20天時，還少於5公克，出生時平均胎重卻達64公克。這真的是很神奇的一種現象。

## 哺乳

哺乳由分娩後開始，並持續6~8週。哺乳量夠的母兔一天會哺乳二次，平均十二小時一次。每次餵奶時間很短

▲ 也有不太會育兒的母兔，或是不會吸奶的小兔。如果遇到母兔一天餵食少於二次，可考慮人工餵奶，以拯救天生弱小的小生命。

暫，只有幾分鐘時間，在餵奶同時母兔也會順便舔小兔的身體和清理牠們的肛門幫助排泄。母兔是站著且弓起身體餵奶的，小兔會爭相吸食母兔並發出咕咕咕的叫聲。有些初養者會認為母兔不關心牠的小孩，其實這樣是冤枉了牠。要觀察母兔照顧得好不好，只要看小兔的胃部是否有鼓鼓的，如果突起表示有餵飽。正常的乳頭數為8個，如果胎數少，乳頭的數量已經夠小兔吸食。

## 人工餵奶

當然也有不太會育兒的母兔，或是不會吸奶的小兔，如果遇到母兔一天餵食少於二次，可以考慮人工餵奶，這樣可以拯救天生弱小的小生命。使用幼兔專用奶粉，剛開始一天5ml，隨天數慢慢增加，第二週15ml，第三週25ml，餵食時用空針筒或滴管吸引，一滴一滴餵，切記別把小兔翻過來肚子朝上餵，有可能會產生肺積水，記得讓牠保持身體直立。餵完後以棉花棒沾溫水擦拭口部和肛門口以促進排泄，完成後將小兔放回巢穴。最好能戴上手套阻隔自己的

氣味傳至小兔的身上，以免母兔咬牠或抓牠，甚至完全地放棄牠。

## 清理巢箱

若已供給理想巢箱，母兔也餵養得很恰當，除了清理巢箱外，則小兔本身並不需要其他多餘的特別照顧。偶爾母兔會把糞尿排在巢箱內，為了不驚擾到牠們，通常將污染的部份取出，讓兔嬰兒們在原巢箱多待幾天，記得最好在小兔每次排泄後就將髒的墊料更新，如果窩實在太髒，換全新的巢箱時記得把原巢箱的兔毛全移過去，以保留母兔的味道，小兔也會很有安全感。

## 離巢

只要有足夠的母乳可攝取，小兔自然生長良好，約第7至10日開眼，開始學走路，在3週時就會變得活潑，毛也長齊了，接著開始陸續跳出巢箱外。此時，小兔會開始嘗試輕咬固體飼料，主人可開始給予幼兔轉換型飼料和苜蓿草、葉多的提摩西草或幼嫩的燕麥草，當然要附上水瓶，順便教導小兔使用水

瓶。先將水瓶口（有鋼珠的一端）輕碰兔唇，讓牠意識到水的存在，如有舔食反應就拿著讓牠喝足，完畢後將水瓶擺設在籠內固定處，將小兔抱到水瓶下，再以兔唇輕就瓶口一至兩下，讓牠記住水瓶的位置，如此間接重覆訓練數次，從此小兔就會使用水瓶喝水囉！此時期尚未完全離乳，要辨別的方法是直接觀察母兔直到牠完全停止哺育為止。小兔5週大時，巢箱即可移去。天冷時巢箱可多留置幾天以供保溫，但在炎熱天氣要即時移除，以便有更大的地板空間，並使籠內通風良好。

## ■ 結 紮

兔兔是多產的動物，一胎可生4~12隻，一年可能生產4~10回，如放任下去一直生，家裡終將被兔兔所淹沒。此外，每多養一隻兔兔，要擔心的種種問題，如經濟上的花費、兔兔間相處的問題、健康管理與照顧…等會相對的增加。當不打算給兔兔繁殖時可考慮結紮。此外結紮亦可預防母兔的子宮疾病和公兔的生殖器疾病。

▲ 兔兔是多產的動物，一胎可生4~12隻，一年可能生產4~10回，所以飼主可考慮是否要將兔兔結紮。

### 母兔結紮的優點

1. 預防子宮疾病（子宮蓄膿症、子宮內膜出血、子宮內膜增生、子宮癌等等。）
2. 預防卵巢、乳房疾病。
3. 抑止「假懷孕」的行為。
4. 攻擊性之改善。

### 公兔結紮的優點

1. 預防睪丸炎、睪丸癌等生殖系統方面的疾病。
2. 抑止「噴尿」的行為。
3. 亦有效降低攻擊性。
4. 降低和其他兔兔打架受傷的機率。

### 適合結紮手術的時期

從四個月大後至三歲以前施術為佳。前提要確保兔兔非常健康才能施行手術。找值得信賴的獸醫先做全身健康檢查再討論是否結紮。

### 母兔之「假懷孕」

假懷孕的徵候與懷孕初期相似，如瘋狂拔毛作窩、焦慮易怒，嚴重可達16～17天之久。原因可歸於不功的交配、母兔互相騎乘、甚至母兔騎乘同窩裡的幼兔、或周遭有公兔的味道，誘發母兔的生殖器官呈現類似懷孕的徵狀。主人要將誘發的原因排除，並可放置乾淨棉花至母兔籠中，轉移拔毛的注意力，降低牠拔毛過度對皮膚所產生的傷害。多多安撫牠，給牠大量的草做窩，讓牠盡情的做窩以釋放壓力，別阻止牠，只要留意別再拔毛就好。過幾天後應會漸漸緩和，然後逐漸恢復正常。如果假懷孕太過頻繁，可考慮以結紮的方式解決。

## ■ 肥　胖

肥胖的起因是因為吃太多、高齡、甲狀線機能低下、新陳代謝率降低。近來室內兔有增加的趨勢，運動不足亦是主因之一。還有如果長年住在有空調的室內，也許溫度、溼度經常性地固定，身體不易感熱調節，卡路里消耗相對減少故造成肥胖。

此外，飼主太寵愛兔兔的話，在過度溺愛的結果，造成肥胖兔的比例變

多。喜愛吃東西的人，如果看到兔兔吃東西津津有味的模樣，心中會有高興與滿足的感覺，所以常在不自覺中多給了兔兔特別喜歡吃的食物。兔兔之所以肥胖，主人的飼養方法佔了其中很大的因素。

如何判斷兔兔的肥胖症呢？兔兔太胖，由於腹部很容易被脂肪附著，所以肚子會明顯地突出來。再者，肋骨和脊椎不容易被摸出來，骨頭上都是被肉包

覆的感覺。母兔的下巴處為「肉垂」的地方會變得很大一塊。雖然兔兔看起來圓滾滾地好像很可愛，但主人不能抱著安心的心態，要常常觸摸兔兔檢查看看。

## 肥胖容易引起的疾病及困擾

### 1. 腳底潰爛

太胖時兔兔活動量會變少，另外身體的重量會加壓在四隻腳的腳底上，壓

▲ 兔兔之所以肥胖，主人的飼養方法占了很大的因素。

SMART
The **RABBIT**
養兔 寶典 OWNER'S Handbook

▲ 胖兔兔的活動量若變少，身體的重量則會加壓在四隻腳的腳底上，壓迫皮膚使得血液循環不良，初期會變成接觸性皮膚炎，接著腳底表面的毛會慢慢變禿、紅腫。

迫皮膚使得血液循環不良，初期會變成接觸性皮膚炎，腳底表面的毛會慢慢變禿，然後紅腫。

置之不理的話，細菌增生後會化膿，嚴重時便整個腳底會潰爛，變成蜂窩性組織炎。兔兔會痛到無法走路和站立，甚至癱瘓。

## 2. 皮膚

兔兔皮膚血液循環變差，太胖的兔兔皮膚會產生一節節的皺褶，皺褶間很容易藏污納垢。胖兔要轉動身體舔毛也會很困難，所以毛就舔不乾淨，毛髒的

話，表皮接觸不到空氣，濕疹…等皮膚病就很容易發作。

## 3. 呼吸困難

脂肪如果佔滿了皮下和腹部所有的部分，鼻子和喉嚨的空氣流通就會變差。同時，腹部的脂肪也會妨礙橫隔膜的運動，讓呼吸困難。就算只是輕微的活動身體，兔兔也會氣喘吁吁。

## 4. 中暑

脂肪變厚，皮膚散熱不易，也妨害呼吸時熱氣的排出。太胖的兔兔很容易中暑，氣溫升高時應避免直射陽光，主人要多加注意，讓兔兔時常保持待在陰涼處。

## 5. 盲腸便的採食困難

因為身體太胖無法直接彎下身用口採食盲腸便，所以屁屁會變髒且很難自行清潔肛門。
盲腸便含有由寄居兔兔腸道的微生物所合成的水溶性維他命，吃不到的話也許會產生營養性不均衡的問題。

### 6. 骨頭和關節的負擔

太重的體重讓身體很難運動，地心引力讓骨頭和關節的負擔增加，造成關節炎和脊椎痠痛……等等的問題。

### 7. 手術麻醉的危險性

當兔兔生病需要手術麻醉治療時，脂肪影響麻醉藥的藥效並造成分散，清醒的時間會較晚。不但呼吸遲緩，心臟負擔增加，麻醉後，胖兔比普通的兔子較難清醒過來。

總之，肥胖是兔兔健康的大敵，可能造成食慾不振、脂肪肝、不孕症、糖尿病、免疫力低下……等等一大堆的問題。日常生活中應該避免兔肥胖以確保兔兔的健康。

### 肥胖的解決方法

兔兔和人不一樣，不會靠意志力自己努力減肥，所以如果已經肥胖，要採用漸進式的方法和緩地幫兔兔減肥。如果可以的話，儘可能每天量體重，減重方法如果正確，一個星期左右，體重應該會稍微減少，約三個月左右兔兔應

該就能回復至理想體重，但前提是要持續不間斷地採用正確的減肥方式。

首先，增加兔兔的每日運動量。加大兔籠的活動空間；最理想的方法是放養不關籠子，多帶兔兔到草原散步，每天有恆心地運動會有很好的效果。然而，光靠運動要減肥，其效果是有限的。最重要的一件事是要做好食物的管理；減少飼料的量或直接改用減肥兔專用的飼料，並以富纖維質的蔬果、生鮮牧草、乾牧草為主。但是，如果急遽地改變餐食的內容，腸內細菌會失去平衡，很容易下痢。因此每餐做少許的改變內容物是非常重要的。還有，極端的食物變換，兔兔可能會絕食。如此一來，不但會傷害腸胃，肝細胞內亦容易脂肪沈著，所以對兔兔的減肥應慎重進行。

### 肥胖的預防

要預防肥胖，最好由幼兔時期就正確掌握食物營養的攝取。

成長期中，營養和能量的比例對兔兔來說是非常、非常重要的一件大事。

▲ 增加兔兔每日運動量的最理想方法是放養而
不關籠子，可多帶兔兔到草原散步。

既不能阻礙生長，攝取的卡路里又必需掌控的十分精確。高纖維且富含鈣的牧草持續讓幼兔攝食，一天兩次成長期專用飼料，再搭配新鮮的蔬菜，和少許高養分的水果。牧草和蔬果的纖維質能促進腸胃的活動，避免吸收完全的養分、防止攝取過多的卡路里，並排出身體內因舔毛吃進去的毛。還有將不停生長的牙齒磨平，預防牙齒過長的可能，此舉真可謂是一舉數得（預防肥胖、毛球症、咬合不正）啊！

# ■ 複數飼養

兔兔表面上看起來毛茸茸的，臉蛋表情總是很溫和、可愛的樣子，其實牠們是很小心眼、脾氣不好的小傢伙。公兔為了確保自己的地盤會激烈的打架，而母兔也是具有不輕易認輸的性格。如果要養二隻以上的兔兔的話，要慎重考慮管理的問題，兔兔是沒有倫理觀念的，就算是親子或兄弟姐妹，成年後也同樣會打架鬧事。

### 複數飼養該注意的要點

1. 一兔一籠

不管是不是一家人，各自都要有自己的房間。

讓兔兔有自己專屬的地盤，避免爭奪籠子。二隻以上的兔兔關在一起的話，打架是一定的，兔兔各自排泄的習慣不同，容易產生不衛生的情形、健康管理也較不易。彼此合不來的兔兔要徹底隔絕牠們的接觸。

2. 放風時以一次一隻為原則

兔兔不只會爭奪籠子,就算放風時對方眼裡也容不下一顆砂子。

記得一次放一隻兔兔出來玩就可以了,過一會兒再輪流放下另一隻。筆者家以前養的成年公兔雖然是親兄弟,但就算一隻在籠內,一隻在籠外,彼此還是不忘互相挑釁,連這樣子也曾發生過互咬的情形,在籠子外得再加上圍欄才能阻止暴行。母兔在外面玩的時候還有可能合得來,而這對未結紮的公兔幾乎是不可能。

## 3. 控制兔兔的數量

如果沒有結紮,又同時養有公兔及母兔,更要嚴密管理其數量的問題,以免兔兔愈生愈多。確實地分開飼養,放風時看好其行蹤,以免意外懷孕的發生。此外,就算要增加家中新成員;如原本養一隻,又想買另一隻來養,也要考慮兔兔的情緒,不要將重心全都移轉到新兔兔身上,主人要用平等的愛來照顧他們,否則原本的兔兔會有被冷落的感覺喲!

▲ 若要養二隻以上的兔兔時,要以一兔一籠為原則。因為兔兔是沒有倫理觀念,就算是親子或兄弟姐妹,成年後也同樣會打架鬧事。

## 4. 一起觀察兔兔們的舉止

兔兔們因為平常幾乎不會叫，生病時不會通知主人，所以疾病的早期發現有賴主人的敏銳觀察。發現舉止有異，糞便形狀不對勁，姿勢奇怪……等等，都要觸摸兔兔檢查看看。如果生病的話，所有家中的兔兔要一起檢查；以防止傳染之虞，早期發現，早期治療。

# ■ 高　齡

真心疼愛家中兔寶貝的人，一定希望兔兔可以一直健健康康地長壽到老。但隨著兔兔的生命一年又一年地過去，或多或少逐漸都會出現一些身體老化的徵候。

兔兔年紀大後，伴隨而來的是反應趨緩、活動力減低、睡覺時完全地熟睡、耳朵聽覺不再靈敏、眼睛水晶體硬化、毛髮不再亮麗、變胖……等等徵狀。

## 高齡期容易罹患的疾病

### 1.骨骼疾病

兔兔年老時，關節的軟骨會變硬，

且隨著行走時不斷磨損，可能產生關節炎或關節變形、步行異常……等狀況。

脊椎椎骨間椎間盤的作用是作為脊椎骨頭與骨頭間的緩衝物塊，椎間盤和椎骨之骨髓端軟骨的接合纖維組織一旦破裂，會使椎間盤組織突出，此物會經發炎而變硬，硬化後會壓迫到神經引起疼痛，甚至會造成椎間骨僵硬。

### 2.腎臟病

和年齡一起每況愈下的是腎臟機能。

如果喝大量的水，排尿量卻很少，體重減輕，變得無精打采，就要作腎臟病的檢查。

### 3.心臟病

伴隨心臟方面的異常是：血液逆流、血液循環不良、肺部浮腫而咳嗽、呼吸急促、身體不想動。以上症狀也許有得了心臟病的可能。

### 4.內分泌疾病

腎上腺素過剩、甲狀腺荷爾蒙分泌

減少導致掉毛、來自胰臟分泌的胰島素減少所引起的糖尿病……等，皆屬於內分泌方面的疾病。

師保持良好的溝通，如此一來，就能繼續和兔兔一起享受健康快樂的生活。

隨著年齡增長，牙齒咬合不正和牙齦炎的兔兔患者也日益增多，在做定期健康檢查時，別忘了提醒獸醫師也順便做口腔檢查，以做好牙齒方面的保健。

### 5.腫瘤

腫瘤亦是高齡兔很容易發生的疾病。

如果不幸罹患，不管是良性腫瘤或是可能奪去性命的惡性腫瘤（癌症），都要和獸醫好好商量解決方法，如開刀去除。

### 高齡兔的注意事項

兔兔身為家中的一員，每日的觀察是主人怠慢不得的。幼兔時就要養成健康檢查的習慣，然後不斷地將檢查記錄完整的作成資料。超過五歲的兔兔一年至少要去醫院作3~4次的健康檢查，並和主治醫

▲ 養成兔兔健康檢查的習慣，如此才能和兔兔一起享受快樂的高齡生活。

# 2 部曲
# 兔兔的常見疾病

## ■ 口　腔

成兔之牙齒數量表

|  | 切　齒 | 前 臼 齒 | 後 臼 齒 | 兩　側 | 總　數 |
|---|---|---|---|---|---|
| 上　顎 | 2 | 3 | 3 | ×2 | 16 |
| 下　顎 | 1 | 2 | 3 | ×2 | 12 |

### 咬合不正

　　兔兔的永久齒為切齒和臼齒共28顆。其中切齒分為2顆片狀的小切齒居中，外藏著2顆較大柱狀的中間齒，缺乏隅齒和犬齒。永久齒在一生中會持續不停地生長。每天有正常、好好地磨牙的兔兔，牙齒會保持適當的長度和形狀。然而如果沒有提供兔兔可方便磨牙的東西，牙齒磨掉的程度會隨著時間流逝愈來愈少，牙齒開始往不正常的方向增長。這情況就稱為咬合不正，無論切齒或臼齒都有可能發生。

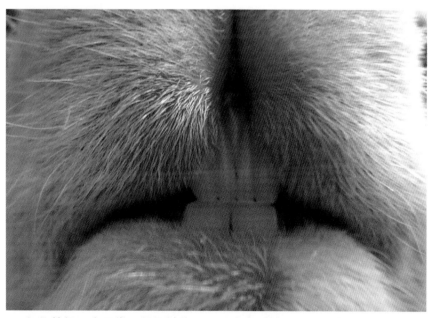

▲ 兔兔若每天有正常、好好地磨牙，牙齒會保持適當的長度和形狀。

· 發生原因

1. 天生下顎比較小、牙齒的質地不佳、牙齒生長的方向不良……等等遺傳因素。

2. 斷齒。（打架的兔兔和愛咬籠子的兔兔很容易折斷牙齒。）

3. 牙齒根部感染。

4. 不適當的食物。

5. 老化。（年紀大了，可能懶得咀嚼。）

· 症狀

　　柔軟的飼料吃太多，沒有吃牧草和蔬果等可以啃咬的食物時，牙齒就會愈來愈長，變成上下顎完全無法接合。切齒太長就成為俗稱的「狼牙兔」，長度會長至直到完全無法進食，後果不堪設想。

　　臼齒太長會有尖銳的俗稱「牙刺」的齒尖，如不處理會發生牙刺長到刺破臉

▲ 選用好的牧草和蔬果，例如磨牙飼料儘量選硬一點的，牧草選禾本科，蔬果選高纖維者，就可預防咬合不正的問題。

頰、眼窩的大悲劇。另因為嘴巴閉不起來，口水流到下巴會額外有濕性皮膚炎的病症。牙刺也會傷害柔軟的舌頭和臉頰內側。

· 治療

請獸醫師將過長的切齒剪去，或將臼齒突出的牙刺磨掉去除。

· 預防方法

　　要徹底預防咬合不正，就要確保牙齒經常都能磨得短而漂亮。最重要的事就是由食物著手。不但要顧及營養均衡，選用好的牧草和蔬果亦不可馬虎。總而言之，要磨牙的話飼料儘量選硬一點的，牧草選禾本科，蔬果選高纖維者。

　　如果是遺傳方面的問題的話，此隻

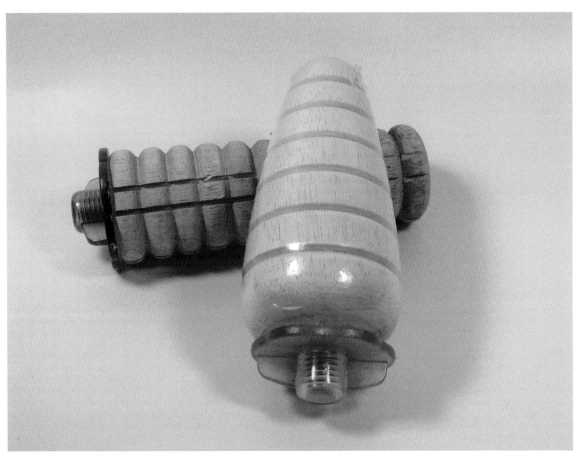

▲ 市售的兔兔磨牙木。

兔兔就要避免再讓牠繁殖比較好。

切齒的觀察比較容易,至於臼齒就很難了,因為臼齒長在眼睛對應的下方、口腔最深處。定期地讓醫生用儀器檢查牙齒以保持最佳狀態。

## 牙周病

牙周病是支撐著牙齒的組織,介於齒根和齒槽骨間之牙周韌帶及齒齦發炎的病症。靠近齒頸之牙齦會紅腫、甚至出血,此時兔兔口臭會變重。一旦罹患重度的牙周病,齒槽骨會被破壞,牙齒會完全脫落。

### ‧發生原因

主要原因是齒垢殘留在牙齦和牙齒間的縫細內,造成牙齦的擠壓,血液的供應不良,色蒼白,堆積已久之齒垢產生的細菌侵入,開始化膿。這樣的細菌還有可能藉著血液循環到達全身,併發心內膜炎、腎炎、肝病、關節炎……等等疾病。所以兔兔的牙齒健康關係著牠的一輩子,牙齒對於一隻兔兔是何其重要!

### ‧預防方法

兔兔的切齒如果有食物殘渣殘留,主人應協助清除。用棉花棒沾溼後將渣渣抹去。至於臼齒,和獸醫師商談是否有和切齒一起洗牙的必要。

## ■ 消化器官

兔兔之所以被叫做「偽反芻動物」,是因為他們可以消耗且再利用一部分自己糞便中的物質。就像眾所皆知兔兔有所謂的「糞食癖」(Coprophagy)一樣,在下層消化道中合成的某些營養成分,兔兔會吃掉它們並加以利用。

兔兔的胃容量約為消化道總容量的36%,小腸的容量佔總消化道的10%,而盲腸是整條腸管中之最大條者,其容量達總容量之43%。腸道中有許多益菌存在以幫助消化。

兔兔既為草食性動物,也能消化植物的根、莖、葉和種子,所以一般人認為兔兔可以利用大量的粗纖維。事實上,兔兔只能消耗相當少量的纖維可能低於20%,其餘皆排出體外。因為植物

的營養份比較低，不容易消化，殘渣很多，所以兔兔必須不停地吃，不停地大便，這也是為什麼兔兔的大便量挺多的緣故。

## 糞食性

說到兔兔的「糞食性」，即指吃糞便而言，早在1882年即已為人所知，兔兔可能會吃自己或別隻排出來的糞便。具糞食性的動物可由其糞便獲得某些營養素，尤其是寄居於腸道的微生物所合成的水溶性維他命。

兔兔一般排出的是兩種不同型態的糞便，一種是我們通常觀察到的乾、硬、圓形的顆粒糞便，另一種是濕而黏膠狀的軟便。

兔兔吃的即為後者，在由肛門處排出時趁熱直接用口接住，然後吃下去。這種糞便成串地出現，每一顆粒都包覆著一層薄膜。雖然兔兔吃糞時好像有咀嚼的動作，但國外研究只有軟便顆粒能在胃底部完整地被找到，所以證明兔兔是將軟便整個兒地吞食的。吃下軟便後，兔兔會再消化一次，這次便吸收了所有的營養，所排泄出一顆顆渾圓的黑色丸子，就是身體真正的廢物。大便一般可以做為觀察兔兔健康的方便證據，第二次排出的糞便，形狀以愈大、愈

▲ 兔兔排出的糞便分為兩種型態，一種是乾硬的圓形顆粒糞便，另一種是濕黏膠狀的軟便。

圓、愈黑為最佳。兔兔的糞食性完全是正常現象，不但幫助消化，也可增加額外的維他命B，所以看到兔兔大快朵頤地吃大便時，千萬不要斥責或阻止牠哦！

## 毛球症（胃停滯）

因為兔兔的胃通往十二指腸出口的幽門非常狹小的關係，因舔毛吃到胃內的毛不易排出，胃內的毛會一直堆積。這些積蓄的毛會逐漸形成一個毛球，當阻塞嚴重時病發，此病即稱為毛球症。

▲ 飼主應注意兔兔是否有毛球症的症狀，以避免兔兔腸道閉塞，胃腸停止蠕動，導致突然死亡。

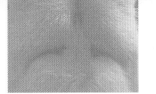

· 發生原因

1. 換毛期大量毛脫落，兔兔自行清理身體時吃下，然後愈積愈多。

2. 長毛兔因其品種特有的毛質，吃下時易結成毛球。

3. 原本胃腸機能就不好，妨礙了胃裡毛的排出。

4. 缺乏纖維的不適當飲食，導致毛不易排出。

· 症狀

　　當毛球形成的時候，兔兔會食欲不振、沒有元氣、下痢、糞便減少，身體漸漸地衰弱。當發生閉塞的時候，胃腸停止蠕動，兔兔會突然死亡。

· 預防方法

1. 長毛兔夏季最好定時修剪毛髮。就算是短毛兔也要梳毛。掉毛時要協助除去，尤其是換毛季節。美容的道具要選用柔和的材質以避免傷害兔兔脆弱的皮膚。

2. 多吃牧草等纖維質高的食物，以助排泄胃裡的毛。從幼兔時就要養成吃草

的好習慣。

3. 在不造成緊迫的壓力之前提下，能運動就充分讓兔兔運動，以幫助全身及胃部的血液循環。

4. 家中常備新鮮鳳梨和木瓜供兔兔食用，此兩種水果依臨床證實富含酵素和纖維素，可有效幫助毛髮隨糞便排出。鳳梨種類以台灣的土鳳梨為佳。至於木瓜酵素商品，既然是由新鮮木瓜提煉，建議還是直接食用新鮮木瓜的效用來得較直接，不需要捨本逐末。如果兔兔不主動吃，兩者磨成果泥或打成果汁後，用空針筒吸引後餵食。

**下痢相關的疾病**

　　兔兔下痢的原因有許多，細菌性、寄生蟲、心理因素……不等。

　　此外，吃缺少纖維質的高碳水化合物的點心、突然變換高蛋白質的飼料、吃了不新鮮的飼料都會造成腹瀉。拉肚子時尾巴和肛門周圍會髒污，伴隨著水樣便、粘液便、血便等等不正常的大便並發出惡臭。

## 1. 球蟲病

球蟲病為兔兔常見的一種疾病，其又分為肝型球蟲病和腸型球蟲病兩種，會損害兔兔的生長、發育和活力，常導致幼兔死亡。

其病原為一種球孢子蟲屬的單細胞低等生物之原蟲。

球蟲的孢子由兔兔的糞便傳染，球蟲在體外渡過其生活史的一部分，若兔兔吞食任何被球蟲孢子污染之物質，球蟲便重回到兔兔體內。先進入腸道，並進入腸黏膜上皮細胞進行下一步的發育。侵犯肝臟的球蟲則在穿入腸壁之後，再移至膽管棲息生長。約7至10天，這些進入體內的孢子即可再度生成，又進入糞便，完成其整個生活史。死去而脫落的腸細胞隨著孢子排去，即造成下痢症狀，此症狀可能延續12~24

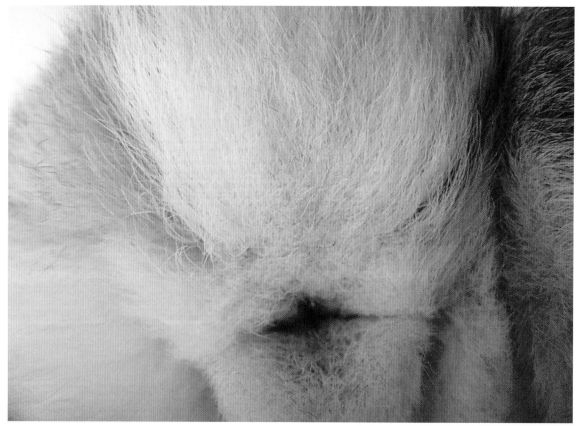

▲ 兔兔下痢的原因有很多，吃缺少纖維質的高碳水化合物點心，或是突然變換高蛋白質的飼料、吃了不新鮮的飼料等，都會造成腹瀉。

小時。如果患兔能渡過危機或活到3個月以上則雖為帶原者，就不會再發病。

## 2. 混合性腸炎

混合性腸炎是多年來一直侵襲著兔兔的一種腸道疾病。臨床症狀除了下痢，還會食慾減退、精神萎靡、眼神呆滯、披毛粗糙、甚至死亡。主要感染對象為哺乳中到斷奶階段的幼兔。此病又區分為粘液性腸炎、下痢性腸炎、出血性腸炎三種。

下痢性腸炎是三種腸炎較常發生的一種。其症狀為腸道內充滿了許多液體、並排出水狀的下痢便，約持續1~3天之久，其病因多數為球蟲。出血性腸炎之症狀為排出帶血之水狀糞便，施以等張性電解質溶液以補充流失的體液或用防治下痢之方法：如蠕動抑制劑、腸吸附劑和腸道保護劑，都可提高存活率。

粘液性腸炎之症狀為腸道充滿了一種稠密的膠狀粘液，而且大量地排出體外。同時腹部亦被充滿氣體的腸子所脹滿。患兔因體液大量流失而呈現脫水現象，體溫異常。下痢的情形不太常見，反而可以看到乾而硬的糞便被排出，此病又稱為盲腸便秘。上述情形可能持續4~5天之久。粘液性腸炎可能因為腸阻塞，體液和電解質過度流失，或其他的併發症而導致死亡。

# ■ 泌尿生殖器官

## 正常尿液

成兔1天內如有30~35ml呈白濁的尿液屬於正常狀態。兔兔的尿液顏色，因水分的攝取量、飼料的種類（食物色素）而產生變化，一般多為黃色、茶色、橘色等等。不過，哺乳期的幼兔排泄的為透明的尿液。

## 腎功能不全

兔兔的腎臟因為腎繫連接腹膜距離較長，故較會移動，可稱為「移動腎」，具有隨著身體的動作而在腹腔內自由活動的特徵，當用手觸壓腹腔做觸診時可以體會。腎臟是將體內不需要的代謝廢物、毒素藉著尿液排出的器官，

此外還擁有代謝、造血、維持體液平衡的機能。當腎臟整體約75%以上的機能因各種原因受損，已經剩餘不多時，異常的症狀便會出現，這種狀態便稱為腎功能不全。腎功能一旦不全，毒素便無法完全隨著尿液排出體外。結果毒素就會堆積在體內，變成會造成全身器官各種傷害、障礙的尿毒症，使身體轉變成非常危險的狀態。腎功能不全分為急性腎臟病和慢性腎臟病兩種。

▲ 腎臟問題從外表看不出，多留意兔兔是否水愈喝愈多，尿量也增多。尤其高齡兔要記得做血液檢查，早期發現、早期治療。

## 1.急性腎臟病

急性腎臟病是由結石、腫瘤引起的尿道阻塞或意外導致的膀胱破裂等原因所誘發。其中主要原因還是引起尿毒症的血液中之毒素增加所導致。剛開始時會發現食慾不振、血尿、少尿、無尿等各種症狀，惡化時間可能在數小時至數天內發生。

## 2.慢性腎臟病

慢性腎臟病為慢性感染症、伴隨老化而來的腎臟機能低下等等所引起的疾病。慢性腎臟病可能長達幾個月，甚至幾年以上的時間，因為所花費的時間很長，主人可能沒查覺

異狀,漸漸的腎功能會變差,腎功能遭到破壞的程度和症狀隨個體而有所不同。

· 症狀

第一期:完全無症狀。

第二期:水愈喝愈多,相對的尿量也增多,觀察籠子底盤總是一直濕答答的。除此之外,兔兔的外表看不出有什麼不同。

第三期:除了食欲不振、體重減輕、元氣消失、牙齦變白、貧血之外,毛皮變粗,皮膚失去彈力。

第四期:嘔吐、下痢、口內有阿摩尼亞的臭味,各種尿毒症的症狀強烈顯現。

▲ 預防急性或慢性腎臟病,可由飲食方面著手。盡量給予兔兔營養均衡的飲食,避免鹽分過多的飼料和不新鮮的牧草。

## 腎功能不全的預防

不管是急性或慢性腎臟病，預防方法首要由飲食和飼育環境著手。給予營養均衡的飲食，當然避免鹽分過多的飼料。還有新鮮潔淨的飲水也是非常重要的。維他命D雖然是身體必要養分，但過度攝取的話，血液中鈣質會昇高，進而侵害腎臟。衛生狀態如果很差，感染症就會容易產生，所以飼育設施要常保清潔。平時注意有無多飲多尿的行為。高齡的兔兔要記得做血液檢查，早期發現，早期治療。

## 泌尿道結石

凡是位於腎臟、輸尿管、膀胱、尿道等處的結石都稱為泌尿道結石，其中以發生在膀胱內的結石為最常見。泌尿道結石的原因多半是因為慢性膀胱炎、水分攝取不足、鹽份過度攝取、性成熟前就去勢導致尿道形成不全等等。

· 症狀

因為結石存在的部位會疼痛，故腹部會緊蹦、背部會弓起縮成一團，兔兔也會作出類似咬牙、磨牙的動作。可能會血尿、頻尿、食欲不振，小結石有時會幸運地隨著尿液排出。然而當結石已經大到阻塞輸尿管或尿道時，將無法排尿，可能引發膀胱破裂或腎功能不全而導致死亡。

診斷時，用尿液檢查、X光檢查、超音波檢查看看是否有結石。如果有結石存在，和醫生討論採取內科治療或以外科手術摘除結石。

一般飼養的情形下兔兔會有結石，水分攝取不足是最大的原因。故在給予乾燥飼料時，富含水分的蔬果也別忘了要給予（至於飲水是基本配備，準備夠大的水瓶供兔兔隨時飲用）。

## 尿失禁

尿失禁的起因多半是因為脊椎損傷的結果。然而，子宮和卵巢全摘除的母兔，因為荷爾蒙突然失去平衡，少數也可能會有尿失禁的情形。排泄口的毛會被尿弄濕，毛會變黃並散發惡臭。主人要幫忙清潔。如果有此症狀，要立刻和醫生商量處理的方法。

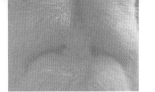

## 子宮蓄膿症

　　母兔會有子宮蓄膿症，是因為細菌感染。如果曾懷過孕的母兔有死胎殘留在子宮內也會引發此病。此外，和有副睪丸炎或睪丸炎的公兔交配過也可能會引起子宮蓄膿症。

· 症狀

　　典型症狀為生殖器出口有膿狀分泌物。其他為食欲不振、元氣消失等全身狀態的惡化。

· 治療

　　施行子宮卵巢全摘出手術和投予抗生素。

## 睪丸炎（精巢炎）、副睪丸炎

　　公兔的生殖器如果受到感染，會產生睪丸炎或副睪丸炎。

· 症狀

　　食欲減低、體重減少、睪丸腫大。

· 治療

　　初期發現通常以抗生素治療。嚴重的話得採取去勢和投予抗生素雙管齊下。

## ■ 皮　膚

### 腳底潰爛

　　腳底潰爛為腳底皮膚的炎症所引發的潰瘍性四肢皮膚炎。

兔兔的腳底不像貓狗有肉球包覆，平常是直接用整個腳底接觸地面行走跳躍的。如果籠內沒加鋪腳踏墊而直接站在鐵線底板上，易引起腳底紅腫發炎和潰爛。

· 症狀

一開始腳底會有些許脫毛，脫毛處有些紅紅的。此時主人如果及早發現，改善腳踏板材質，並每天讓兔兔比平常更多多出籠外運動，有時可以不藥而癒。如果延遲了，一旦出現傷口且細菌感染，就會變成潰瘍且化膿。再嚴重就會出血，轉為蜂窩性組織炎。兔兔在初期就會因疼痛而常將身體重心由一腳移到另一腳，並顯出一跛一跛的樣子。末期重

症者，細菌隨著血液流到全身器官，也曾發生死亡的案例。

· 發生原因

原因的範圍非常廣泛，主要分為兔兔本身的原因和飼育環境的原因兩大類。

一、兔兔本身的原因

1. 大型品種或肥胖的兔兔，體重過重壓迫四肢。

2. 很少運動或長時間待在一個狹小空間。

3. 緊張時用後腳用力地跺腳。

4. 高齡兔的皮膚彈性衰退。

5. 本身因品種的關係，腳部底毛稀薄。

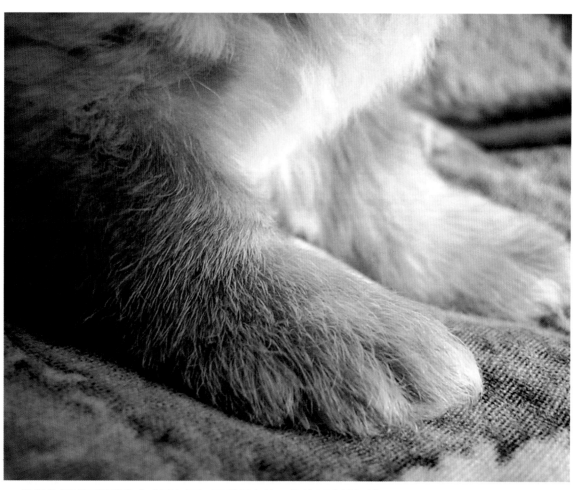

▲ 兔兔的腳底不像貓狗有肉球包覆，平常是直接用整隻腳底接觸地面行走跳躍。

**2**部曲

6. 排泄物的污染。上廁所習慣不良的兔兔會踩踏到自己的糞尿。

二、飼育環境的原因

1. 直接使用鐵線籠的底板，不停刺激四肢底部脆弱的皮膚。

2. 地墊的材質太堅硬，或有突起物等。

3. 地墊潮溼、不清潔。

4. 養在狹窄的籠子裡。

5. 複數飼養管理不良，如沒有做到個別出籠子放風等。

· 預防方法

　　要預防腳底疾病，首先，一定要在兔籠的金屬網狀底板上加腳踏墊，以木製為首選，其次為軟質且表面無突出物的為佳。木條和木條間留的縫隙只要便便下得去就行了，木板條以寬版的為佳。所謂「接觸面積大，受力壓力小」，寬板的地墊可以吸收兔兔腳底板

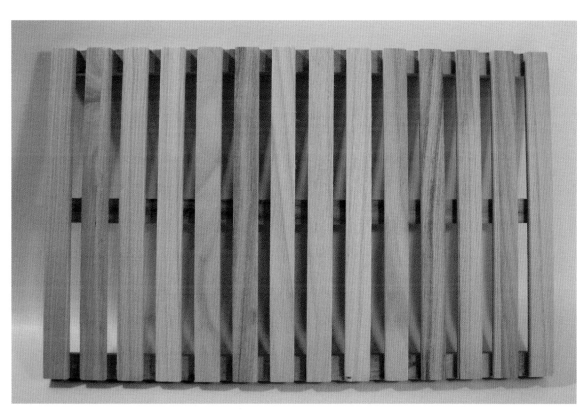

▲ 兔籠內記得加鋪木質腳踏墊，避免讓兔兔直接站在鐵線底的籠子上，以免引起腳底紅腫發炎和潰爛。

的壓力，減輕疼痛。時常地清掃腳踏墊並保持乾燥。充份的籠外運動為健康之本。

· 治療

一般治療時先消毒患部，塗以抗生素藥膏。為了保護重症者，腳部可套上透氣繃帶。此舉也可減輕肥胖兔的腳底壓迫所帶來的疼痛。但前題要勤於更換藥和繃帶。輕者只要上藥後保持通風即可。之所以會腳底潰瀾最多的原因都是因為讓兔兔直接站在金屬底網上，馬上加墊較柔軟的材質之地墊才能根治。此病一旦化膿就不易痊癒，再發的可能性也很高。要有耐心地持續治療。

## 皮下膿腫

皮下膿腫即皮下有膿囤積，並腫大成一個膿包。如果變大將妨礙兔兔的日常生活。

· 症狀

有時可見膿腫於頰骨腺，亦可見於牙根處、眼睛、肺部、骨頭關節等處。

膿包會愈來愈大，兔兔因為疼痛會食慾減低，沒有精神。時間一久，膿腫常會自行破裂，流出膿液來。通常是由金黃色葡萄球菌所引起，膿腫是體內白血球和病菌大戰的結果。

· 治療

治療時最好由獸醫師將膿腫區塊的毛剃除，並將膿包刺破，擠出膿液。如果情形嚴重，視情況接上導管引流，使膿能順利排淨。
接著消毒傷口，並以抗生素治療，促進痊癒。

· 預防方法

如果兔兔受傷要立即處理消毒傷口，避免傷口未清乾淨就任表皮自行癒合，將形成皮下膿腫。另有時地板材質過硬，關節或腳部會造成膿腫（不同於腳底潰爛的化膿），主人要慎選柔軟的材質。注意膿腫和腫瘤有時外觀不太容易分辨，要交由醫師做切片檢查和判別比較好。

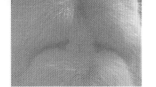

**2**部曲

### 錢癬（黴菌）感染

此種黴菌感染大多是由髮癬菌屬的黴菌所引起的皮膚病。症狀患處呈圓形，大多由口鼻周圍開始，也常見於外耳、頭部和腳部。一開始會掉毛而且有頭皮屑般白白的碎屑，伴隨著乾癢。患兔會在這些部位用力的搔抓。如果置之不理，也會蔓延至全身各部位。

· 發生原因

飼養環境不衛生或被其他已患病的兔兔所傳染。

· 治療

治療時將患處的毛剃掉，然後塗抹抗黴菌藥，或者口服griesofluvin。請注意脫落的皮屑和毛髮除了會傳染給別的兔兔，也會傳染給人類，此為人畜共通傳染病。

· 預防方法

平時不管在接觸兔兔之前或之後都請以殺菌洗手乳來洗手，不僅可以阻止可能的病原擴散，也保護兔兔和自己的健康。當然飼養的籠子要保持衛生，每日清掃。

### 乳腺硬結

乳腺硬結是指乳腺無法順利隨泌乳量順暢地由乳頭排出所引起的硬結狀態。

· 發生原因

如果母兔突然失去哺乳的仔兔，或母兔泌乳量過剩，小兔吃不完，或者因乳頭疼痛，被小兔吸吮而受傷使得母兔不肯讓小兔吸吮等，都有可能發生乳腺硬結。

· 症狀

乳頭周圍又腫又硬，母兔會感到非常疼痛。

· 治療

如果硬結不嚴重，使用樟腦油每日敷在患部兩次，可以使其消退，阻塞的乳汁也可協助輕輕用手擠出。輕者約治療3~5天。但泌乳量高的母兔須多治療數日。如果乳腺硬結非常嚴重的話，考

慮穿刺法除去乳塊，注入過氧化物或其他消炎藥，並塗敷抗生素軟膏。此病常被誤診為乳房炎，兩者是不同的疾病。注意乳腺硬結容易成為引後續乳房疾患的原因。

· 預防方法

保持哺乳時巢箱的清潔。每日哺乳完可為母兔以棉花棒沾生理食鹽水輕拭乳頭並以面紙吸乾水分，以常保母體乳頭的清爽。

不要隨便過早帶走小兔，將使母兔身體感到不舒服。讓母兔自行餵到停止哺乳行為為止。

乳房炎（乳腺炎、藍乳病）

乳房炎指乳頭受傷受到細菌感染，造成乳腺發炎的疾病。

· 發生原因

乳房炎通常發生於生產後正值哺乳期第1～3週的母兔。當母兔的乳頭被仔兔因過度吸吮而咬傷或被兔籠、巢箱刮傷，鏈球菌屬或葡萄球菌屬的細菌使由傷口進入乳房引起發炎。

· 症狀

先是患處泛紅，乳腺腫大，乳頭周圍又腫又硬。會有透明狀或帶血的分泌物由乳頭滴下。乳腺部位會呈現一道道藍色線條且發青。另外還會體溫升高，食慾減退，拒絕哺乳，甚至發燒。即早治療才有痊癒的希望，一但體溫超過41℃的話，復原機會將非常渺茫。此病會有死亡的危險性。

· 治療

一般以抑制鏈球菌屬與葡萄球菌屬都有效的氰黴素加以治療。若有化膿就做排膿處理。

· 預防方法

雖然小兔因搶食咬傷乳頭很難防範，但要預防刮傷可以從巢箱著手，不要使用金屬製的巢箱，以木製和紙製的為主，以確保母子均安。

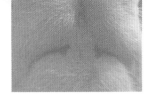

## 皮毛蟎（兔蝨）、家畜疥蟎感染症

兔兔常被毛皮蟎所感染，俗稱兔蝨。感染時頭部和背上的皮膚可以看見脫毛的現象，兔兔也會變得神經質。要注意其毛髮脫落的現象和換毛時的掉毛很類似，兩者常混淆不清。也是要作顯微鏡檢查方便確認。可以洗除兔蝨澡加以治療。

另外兔兔有時也會感染犬貓類的家畜疥蟎，感染部位可能見於全身各處。家畜疥蟎因會在兔兔皮膚上鑽洞，故會引起很大的刺激。所以當兔兔頻頻搔抓身體各處且掉毛時，要注意是否有此種蟎蟲寄生。此疾病為接觸傳染，平常要避免和其他家畜接觸。一旦被此蟎寄生，很難消除殆盡，施用除疥蟎粉或許能加以控制。最好要送動物醫院找獸醫師檢查和治療。

## 濕性皮膚炎（垂皮濕濡症）

濕性皮膚炎指持續性地讓下巴的垂皮（肉垂）處在潮溼的狀態而感染細菌的一種皮膚炎症。也有可能發生在身體其他部位。

### · 發生原因

用水碗喝水的兔兔在溫暖季節較常得此症。因為兔兔低下頭喝碗裡的水時，常會把垂皮（脖子下方有摺皺的皮膚）泡在碗裡，導致這部分皮膚一直是潮溼的，毛也會糾結成一團，於是就成了細菌的溫床。此外，有口腔疾病流口水或眼睛疾病結膜炎的兔兔也有可能發作。或雖然用水瓶喝水，但常躺在會漏水的水瓶下的兔兔，背部或腹側也可能會感染。

### · 治療

保持患處乾燥，並敷上消炎粉3~4天，應該可以痊癒。同時將水碗改成水瓶，耐心地教導兔兔學用水瓶喝水。

### · 預防

打從幼兔時期就教牠學會用水瓶喝水。家中水瓶也要檢查有無漏水的情形，以保持籠內乾燥。

## 多發性黏液瘤病

此病為病毒感染所引起，病媒為節

肢動物，通常以蚊子為主。是一種發作起來樣貌十分可怕的疾病。

### · 發生原因
常見於被蚊子叮咬後發病。

### · 症狀
眼周、鼻子、嘴巴、生殖器部份腫大，皮膚有粘液狀的腫瘤，雙耳水腫且下垂、發熱、呼吸困難、肺充血、脾腫大、末稍血管充血等等。發病後1~2週後死亡，死亡率非常之高。目前似乎尚未有特別的處置方法。

### · 預防方法
注意防蚊，即使養在室內也要留意是否有蚊子。置放在室外之兔籠四週要裝設紗網，並驅蚊，但避免使用殺蟲劑以防不慎兔兔中毒。

## ■ 眼和耳

### 結膜炎
結膜炎即為眼皮內側邊之眼內角的淡紅色的第三眼瞼黏膜發炎。

### · 發生原因
原因為細菌感染、乾草的粉塵、灰塵、刺激性液體所引起的，此外排泄物所產生的阿摩尼亞也有發病的可能。

### · 病狀
眼睛的分泌物增加、結膜充血發紅，眼皮腫起。兔兔會感到痛、癢。如果再嚴重下去，眼睛周圍有沾到眼尿部位的毛會脫落。

### · 治療
治療前先查明原因。如果是細菌感染的結膜炎，就點含有抗生素的眼藥水或抹眼藥膏。如果是異物侵入，如兔兔自己的毛髮或草屑等，就立刻用生理食鹽水沖洗眼睛，再送醫施點能夠緩和炎症的眼藥水。

### · 預防方法
清潔還是第一大考量。地板下的墊料要選粉塵少的，籠內草架上的草也不要用太細、草屑太多的。墊料中也不要用有

含揮發性物質會刺激結膜或呼吸黏膜的。如果緊急時先用生理食鹽水沖洗，再儘速就醫。

化，變白的角膜會有部分缺損，形成一個穴狀的潰瘍。有此症請早日就醫。預防方法同結膜炎。

## 角膜炎

眼球表面所包覆的部份叫做角膜，如果表面發炎稱為角膜炎。原因和結膜炎相同，細菌感染、異物進入、外傷等等。

症狀是角膜混濁變白。再進一步惡

## 白內障

白內障為平常眼睛內部是透明的水晶體，因為某些原因而呈現白濁的疾病。發生原因為高齡、糖尿病、因打架所產生的外傷、荷爾蒙分泌異常所導致的內分泌障礙。對兔兔來說，以老年性

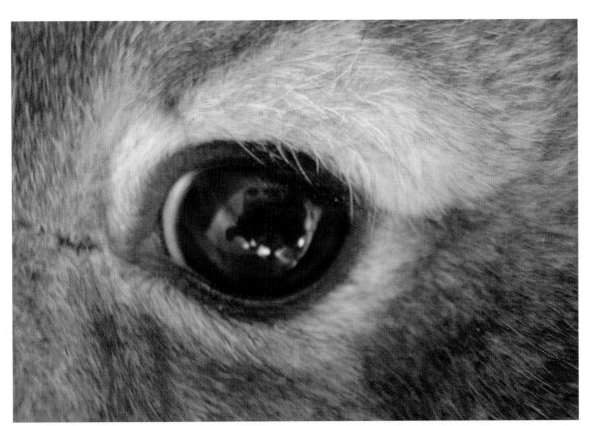

▲ 紐西蘭兔有遺傳性青光眼的問題，通常難以根治，若飼養紐西蘭兔或其混血品種時，需對此病多加留意。

的白內障患者居多。初期症狀，眼睛可以看到有一部份的白濁程度，一段時間後白濁會擴大些，會發現兔兔有不慎碰撞到物體等情形的視力障礙產生。治療時可投與眼藥水抑制白內障的惡化。

預防方法便是避免會引發白內障的原因發生。另外，很遺憾因高齡引起的白內障無法預防。當發現水晶體有變濁清況時，在造成視力障礙前就要迅速前往動物醫院治療。

## 遺傳性青光眼

眼球內有眼液以保持一定的眼壓。青光眼為眼壓升高引起的眼睛障礙。

此種遺傳疾病以發生在紐西蘭兔此品種較為頻繁。因妨礙眼液排出之種種原因而使青光眼發病。

病狀發生於出生後3至5個月大為多。初期，因眼壓上昇的關係，眼球會整個向外突出。之後，可見到角膜白濁，並產生潰瘍，且伴隨疼痛。若放置不管有失明之虞。

治療時，點眼藥以控制眼壓。青光眼難以根治。在養紐西蘭兔或有紐西蘭

兔血統的混血兒時，要對此病多加留意。

## 瞬膜肥大

兔兔的眼睛內側有一片透明的瞬膜，其功用是為了保護角膜，促進淚液分泌，又稱為第三眼瞼。瞬膜平時藏在眼頭和眼球之間，有緊急狀況時便會伸出覆蓋眼球以防塵或防止攻擊。當瞬膜內側表面的瞬膜腺腫起來且呈突出狀態時就稱為瞬膜肥大。當細菌感染、眼睛區域發炎，瞬膜腺都有腫脹的可能。預防方法首要還是保持籠內清潔，並替兔兔營造一個避免傷害到眼睛的安全空間。

## 外耳炎

外耳炎即外耳道產生炎症的狀態。

· 發生原因

原因為細菌或真菌感染、寄生蟲寄生、異物侵入等等。還有，飼主用棉花棒不當清理耳朵而使耳道受傷、耳道深處的耳垢因此又被棉花棒到更裡面而引

起炎症。垂耳品種的兔兔，耳朵的通風本來就不好，細菌、真菌等的繁殖容易，要格外注意。

觸摸到耳朵就攻擊對方。外耳炎再持續下去會變中耳炎，一但中耳炎就有併發歪頸症的危險。

· 症狀

雖然原因有各種各樣，但症狀大多為甩耳朵，因為癢而用後腳搔抓、耳垢增多且伴隨惡臭，或因為疼痛，飼主一

· 治療

治療首先為沖洗耳道。再投予適當的藥物。外耳炎的治療是疏忽大意不得的，回到家後要遵守醫囑持續護理耳

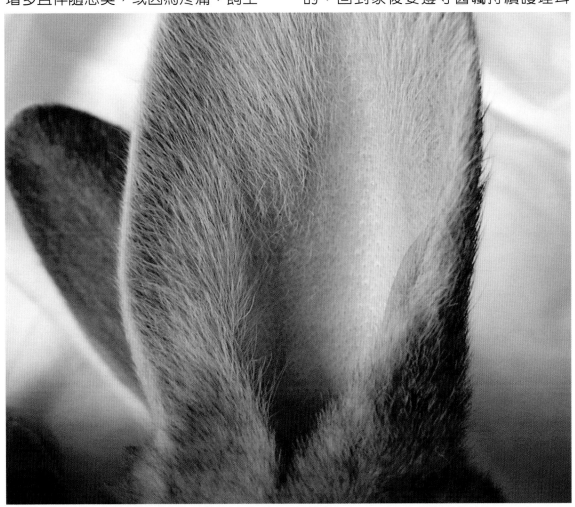

▲ 兔兔出現外耳炎的原因有各式各樣，但症狀大多為甩耳朵，若飼主一觸摸到耳朵兔兔便攻擊對方，可能就是有罹患外耳炎的傾向。

朵。

診斷時一般用顯微鏡觀察耳垢，可以見到蟲體和蟲卵。

· 預防方法

要預防外耳炎，外耳道的清潔為首要。在家中施行要很小心。

避免使用棉花棒、使用無刺激性的耳道清潔劑或含嬰兒油的脫脂線輕拭耳朵入口。至於耳朵深處的耳垢就帶到動物醫院做清潔工作。

· 預防方法

1. 保持飼育環境的清潔。

2. 和兔兔同居的其他動物也要避免其互相接觸。

3. 有新兔兔要加入飼養行列時，記得先帶到動物醫院檢查耳朵。

## 耳疥癬（耳疥蟲）

此為兔兔常見的寄生蟲疾病。其病原為疥癬蟲，是蟎蟲的一種。感染耳疥癬的兔兔，會頻頻搔頭，甩動耳朵並用後腳搔耳朵。

這種蟎蟲以耳道內的表皮組織和體液為食，因而引起耳朵的組織液流出，當液體凝固即形成一層厚痂皮或痂瘡，這些蟎蟲則繼續在痂皮裡生活。初期感染時耳朵會有灰白色的皮屑，慢慢的痂會愈來愈肥厚且呈鱗皮狀，耳朵也會垂下。當併發外耳炎時，會散發惡臭。再惡化下去，可能會中耳炎，進而引發斜頸症。

· 治療

防治時可以用窒息法加以撲滅，例如採用含礦物油或植物油的殺疥蟲劑，因為油劑可以形成一層薄膜以阻止蟎蟲的呼吸，使其窒息。如果油中併用毒魚藤毒素（Rotenone）的殺疥蟲劑效果更佳。

如感染很嚴重，須反覆治療，有時需要使用局部的抗生素以控制侵入已發炎耳道的細菌，並彌補油劑的不足。因油劑一次或兩次的治療或許可以清除鱗片，但有些蟎蟲還可能停留在耳朵內，而在8~12週再度變成疥瘡。外用藥和注射藥二者並用以驅蟲。在治療同時記得

▲ 季節變換常導致兔兔有打噴嚏、鼻塞或流鼻水等呼吸道問題產生。應留意飼育環境,保持通風, 讓溫度、溼度變化減少到最小。

消毒兔籠、食器和附近所有設備。

## ■ 呼吸器官

### 巴斯德桿菌病

此種細菌感染病為群飼兔兔中常見的疾病之一。其病源主要為敗血性巴氏桿菌,若管理或處理不當,此病很容易傳染。感染後早期之症狀為打噴嚏、鼻塞(呼吸時發出嘎嘎聲)、流淚、結膜炎、流鼻水、呼吸困難。另由於兔兔有愛乾淨的習慣,所以會用前腳內側不停擦拭口鼻,造成前腳的毛皮潮溼且雜亂。

此病通常為季節性的上呼吸道疾病,但有可能併發肺炎、歪頸病、皮下

膿腫、生殖器發炎、敗血症等等。

·治療

予抗生素，並依實際情況做適切處置。

·預防方法

飼育環境保持乾淨、溫度變化減少到極致、溼度保持適當、保持通風良好、不讓風直吹。在室內飼養要注意阿摩尼亞的濃度不宜過高，也就是兔籠須每日清掃。如果有兔兔生病務必要隔離以免傳染。

## ■ 骨頭和關節

骨折顧名思義指骨頭折斷。兔兔的骨骼又細又輕薄，所以一不小心很容易骨折。骨折分為病理性骨折和外傷性骨折二種。病理性骨折即由骨骼感染症、骨骼腫瘤、營養不良（鈣質攝取不足）……等等使骨骼原本的強度減低所造成的骨折。

另一種外傷性骨折又分為脊椎骨折、腰椎骨折及腿骨骨折。

### 脊椎、腰椎骨折

脊椎骨折和腰椎骨折兩者皆將導致下半身麻痺和失禁（排尿及排糞失去自我控制的能力）。

·發生原因

原因有很多，主要是由於發生超過兔兔本身所能承受之外力的意外而造成。例如突然從高處落下，或從人的懷抱掉下來、飼主抱兔兔的姿勢錯誤、在狹小的籠子跳躍、沒鋪腳踏墊使兔兔整雙腳卡在金屬網之縫隙，兔兔用力抽腿、交配時公兔腰部用力過猛、診療時因為兔兔極力抗拒，人類壓制施力過度、兔兔遭落下的重物壓傷……等等。

·症狀

意外發生當時，兔兔會馬上失去意識而昏迷，並且全身僵硬。
雖然過一會兒就會清醒過來，但可能已經嚴重受傷。

·治療

首先照X光以確認骨折部位。利用石膏或手術將骨折部位固定。脊椎骨折會留下嚴重的後遺症，傷重的話會糞尿失禁，或導致死亡。一旦受傷也很難完全康復。

· 預防方法

　　提供安全的環境供兔兔活動，主人一定要用正確的方法抱兔兔。如有不熟悉兔兔的人們想接觸牠，要適時地教育他們。

**腿骨骨折**

· 發生原因

　　多半是因為指甲太長被而籠底又沒鋪設地墊，使得腳被籠底的金屬底網鉤

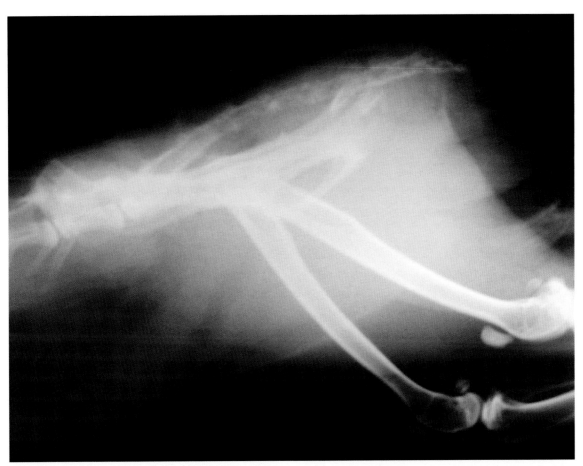

▲ 兔兔若有骨折或脫臼問題，獸醫師會先照X光，麻醉後把骨骼調整至原本的位置，情形嚴重時會開刀治療。

住，兔兔想極力掙脫而發生的。自高處墜落也有可能發生腿骨骨折。

· 症狀

兔兔會拖著後腿，嚴重的話會靜靜地待著不動，默默地忍受疼痛。

· 治療

治療和脊椎、腰椎骨折兩者相同。為了避兔兔在籠中靜養，保持安靜，切勿驚擾牠。

· 預防方法

除了兔籠一定要鋪設地墊外，家中地板也應避免使用毛地毯，以防止兔兔被長毛絆倒。指甲定期修剪，遊戲時主人應隨侍在側，別讓兔兔攀爬到過高之處。

### 脫臼

脫臼是指骨骼脫離原來的正常位置，通常發生在關節間的位置，意外原因和骨折相同。

· 治療

先照X光，麻醉後把骨骼調整至原本的位置，情形嚴重可開刀治療。

· 預防方法

亦和預防骨折相同。一般人都認為兔兔相當溫馴乖巧，事實上牠們是非常神經質的小動物，一旦受驚嚇，常常表現出.意料之外的舉動，而導致骨折或脫臼。所以對待兔兔一定要很溫柔小心唷！記得有空就要帶兔兔到有陽光的地方活動，因為紫外線有助於皮膚將固醇轉化為維他命D，而維他命D是促進鈣質吸收的一大介質。記得在陽光下要有陰涼處讓兔兔休息以防中暑。另飲食上也要注意是否有適量鈣質的攝取。

## ■ 神經疾病

### 開腳症

開腳症為兔兔的前肢或後肢呈現向外側張開的情形，形狀有點類似人類的

X形腿。有些兔兔甚至四肢都有此症。發生在後肢的兔兔的屁股常因直接坐在糞尿上而變得不潔。發生在前肢的兔兔的走路時前腳會不停向外滑動，像在游泳划水一般；二者走路都會不便。造成開腳症的原因大多為遺傳性神經障礙所導致。照顧上要以牠們方便走路為原則，地板太滑的話，行走會更困難。屁股的清潔，主人要代勞。注意此病會遺傳，本身已有開腳症的兔兔切勿讓牠繁殖，以避免悲劇再度發生。

## 腦炎

腦炎為一種由原蟲感染的疾病，即為家兔腦灰白質炎。發病的癥兆為斜頸、痙攣、運動失調、麻痺等神經症狀。發生的原因為排泄於尿液中的原蟲再由口中吃下而感染。只要主人能勤打掃兔兔的便盆和籠子，應該就可以預防感染的危機。以病目前尚無有效的治療方法。

## 歪頸症（斜頸症）

歪頸症是因為兔兔發病後將頸部扭

到一邊，眼球向後上方轉而得名。

### ‧發生原因

因為罹患內耳炎而傷到掌管平衡感覺的神經、受到強烈衝擊使得頸椎或頭部肌肉受傷、感染耳疥癬、感染巴斯德桿菌等。通常以巴斯德桿菌引起的較常見。

### ‧症狀

兔兔的頸部會愈來愈傾斜，兔兔會失去平衡感，但為了要走動而使得身體在地上滾來滾去，常會「咚」地重重摔在地上，這就稱為「迴轉困難」。兔兔此時無法隨意控制自己的姿勢及動作，連飲食也會很困難。歪頸症是挺難治療的疾病，早期將引發的原因釐清，接著才能對症下藥。即使是有嚴重迴轉困難的兔兔，如果有耐心地持續看護，還是有康復的希望。

### ‧預防方法

避免不衛生的飼育環境或緊迫的狀態，因為這使得兔兔的抵抗力降低，容

易感染巴斯德桿菌之類的細菌。也要避免兔兔因運動傷害而摔倒或自高處跌下去撞到頭部。此外，假使發現有耳疥癬、外耳炎、打噴嚏、流鼻水等症狀，要儘早治癒，以免併發斜頸症造成遺憾。

# ■ 腫　瘤

腫瘤即為和正常組織無關的細胞異常增殖，其分為良性腫瘤和惡性腫瘤。下列為兔兔常見的惡性腫瘤。有相同症狀出現時，並不拘限為只是惡性腫瘤。要診斷到底腫瘤是良性還是惡性，要將外科手術切下的腫瘤組織做切片後來判定。

## 惡性乳腺腫癌

母兔可能會罹患惡性乳腺腫癌。原因為荷爾蒙異常、遺傳等等。症狀為乳腺可見到大大小小的疙瘩，並且發熱。接下來，疙瘩的部分皮膚會出血。治療時以手術將腫瘤摘除，也有併用化學療法的例子。從未生產過的母兔得病的比例較高。因此如果主人沒有要養小兔兔

的打算，可做卵巢子宮全摘除手術來預防此症。如果發現兔兔的乳腺長了疙瘩狀的肉瘤，趁形狀還小時儘早接受獸醫師的診斷或治療為佳。

## 子宮癌

子宮癌是兔兔最常見的惡性腫瘤。發生的真正原因不明，一般推測是遺傳因素，3歲以上的混種兔發生機率高。初期時無症狀，接下來會看到生殖器有分泌物或出血。食欲不振，沒有精神，對飼主產生攻擊性行為的頻率也會增加。懷孕中的兔兔如患病，會增加流產甚至死產的機會。再者，癌細胞會轉移至肺藏、肝藏、骨骼等等，就有多樣性的臨床症狀出現。診斷時用觸診、X光、超音波等做檢查。治療法為施行卵巢子宮全摘出手術去除腫瘤。預防方法則和惡性乳腺腫瘤一樣，如果沒有要讓母兔生小兔兔，做手術將卵巢子宮摘除是保險的預防方法。（但注意曾有尿失禁的後遺症例子。）然而，子宮癌的發病速度緩慢，通常腫瘤長到相當大才被發現的情況很常見。定期到動物醫院做

健康檢查，才能及早發現，及早治療。

# ■ 外　傷

## 咬傷

　　公兔的地盤意識非常強烈，如和一樣是雄性的同伴飼養在同一個地方，會發生激烈的打鬥。如在同一個籠子養兩隻兔兔會造成牠們的壓力，打架就會經常發生。打架常用牙齒咬，所以兔兔就會負傷。剛咬到時可能只是個小傷口，放置時間久了細菌感染，傷口就會化膿。公兔常互咬耳朵和眼睛，耳朵被咬掉、撕爛成鋸齒狀的例子很多。被咬掉的耳朵就再也長不回來，且留下永遠的缺口。事故發生時，主人可以先用乾淨紗布壓住傷口止血，然後趕緊送醫。要預防最好的方法就是不管公兔、母兔，有結紮、沒結紮，通通以一兔一籠為原則。就算結紮了還是有合不來的可能。此外和同伴一起遊戲時，主人要陪同監視，遊玩的時間不要太久。也要避免兔兔和其他種類的動物接觸以免被攻擊。

## 觸電

　　兔兔有著喜歡啃咬東西的習性，如果咬錯地方，如電線，就會觸電。而殘缺的電線如不幸漏電就會發生火災，是非常危險的一件事。

　　如果發現觸電的兔兔，首先切斷電源。如果一下子冷不防抱起觸電的兔兔，自己也有可能一起觸電。關掉電源，將電線移開兔兔的口部，緊急送醫。

　　預防方法為將家中電線全都套上電線專用保護套。放兔兔自由活動時要避免牠鑽入冰箱和牆壁間的縫細。最好規劃好兔兔遊戲的區域，如用圍欄區隔出一個遊戲區會比較安全。

# 請你跟我這樣做

# $3$部曲

## ■ 穴道按摩

藉指尖的感覺，為兔兔的健康把關

　　幫兔兔做穴道按摩可以促進血液循環、加速新陳代謝，因為促進了皮脂腺的分泌，所以可以保持毛皮的光澤與彈性。按摩還會使局部組織的微血管擴張、促進紅血球和白血球的增生、增強局部細胞的營養供應、促進組織的自我修復能力，除此之外，兔兔和主人彼此之間更能因此建立根深柢固的信賴關係。藉由指尖和兔兔的接觸，確切地掌握住兔兔的健康狀態，不但能和兔兔培養感情，兔兔也會感到放鬆、心情愉快，免疫力自然昇高，穴道按摩的最終目的即為讓兔兔健康長壽。

暖身運動

Step 1：準備一條厚浴巾或浴用踏墊，自然素材如綿質為佳，作為兔兔趴臥之用。
Step 2：播放輕柔的音樂，緩和主人和兔兔的情緒，最好是由大自然聲音錄製而成的音樂。
Step 3：將自己的手掌相互摩擦使其溫暖。
Step 4：先輕輕撫摸兔兔的頭，然後順著身體曲線撫摸至尾端，以幫助兔兔慢慢進入暖身狀態。

穴道按摩之流程

Step 1 ：先在兔兔身體兩側輕輕劃圓。

Step 2 ：按摩耳朵穴道，從耳朵根部呈小漩渦狀朝上按揉至耳尖，重覆數次。

## 3部曲

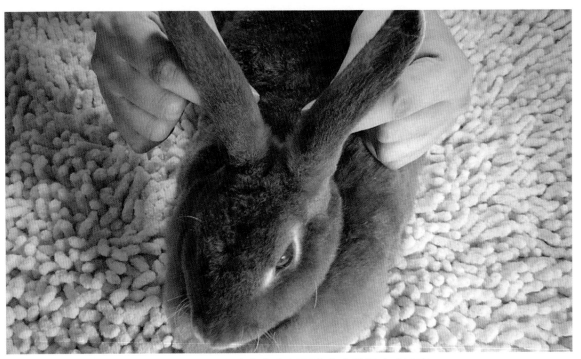

Step 3 ：由耳道入口為起點，用拇指及食指指腹朝耳尖方向滑行方式按摩。

Step 4 ：將耳朵一耳朝外側折下來，兩指作剪刀狀後輕夾住耳朵外側兩邊，然後向耳尖滑動。此為
模擬兔兔平常用前腳洗耳朵的動作，會讓兔兔的心情提昇喲！

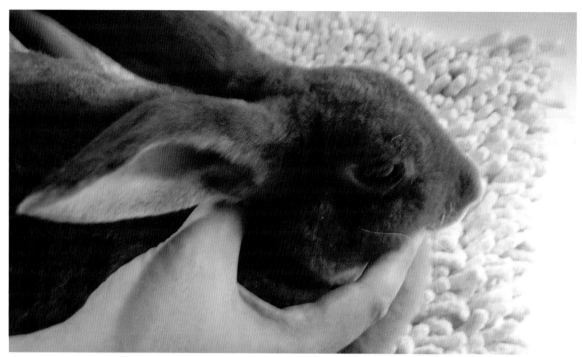

Step 5 ：拇指停在頭部後方，中指、無名指和小指支撐著下顎，食指順著頰骨由口部往後方按壓。
兔兔總是一直磨著牙，因此下顎是最容易疲勞的部位，按摩這裡，兔兔會覺得很放鬆，眼
睛會瞇起來，還會輕咬牙齒呢！

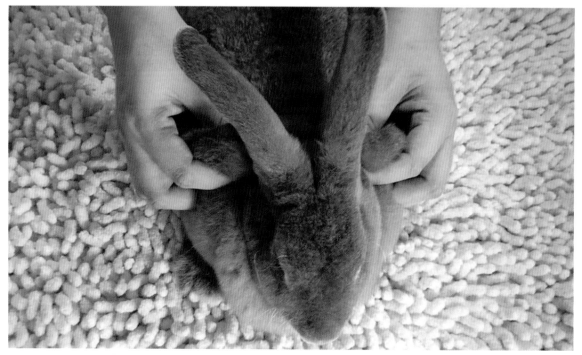

Step 6 ：拇指和食指輕抓握肩膀的皮朝頭部做圓圈狀揉壓，接著按壓「肩頸」穴。

**3**部曲

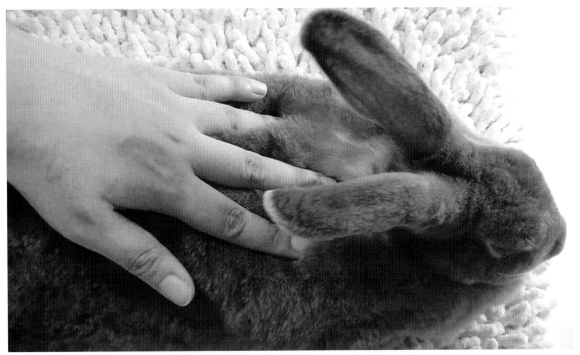

Step 7 ：將食指、中指、無名指三指間隔各三公分，由頸後方朝尾部劃過。重覆數回。

Step 8 ：右手輕放在背部，左手伸到腹部做逆時針方向按摩，個性容易
緊張的兔兔可能會逃跑，此時就別勉強牠。此法在換毛時期可
以常做，以預防毛球症發作。

小叮嚀

每次按摩不需太久，每一步驟約1~2分鐘，如照所示標準流程，全程走一遍就夠了。兔兔的所有穴點眾多，主人可依兔兔個別的情形另外加強各部位的重點按摩。

87

## ■ 剪指甲

　　主人可以學著幫兔兔修剪指甲。
確實地修剪指甲對兔兔亦相當重要，
既可保持足部衛生不藏污納垢，又可
避免不必要的傷害發生。

Step 1 ：準備大小合適的指甲剪，磨甲板一
　　　　片，檯燈一盞。

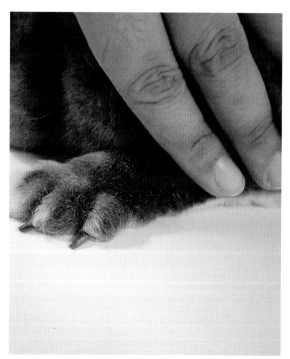

Step 2 ：使兔兔安靜下來，先固定要先剪的那
　　　　隻腳掌。

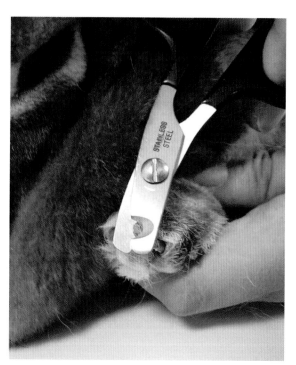

Step 3 ：指甲如是深色的，由於兔兔很難看清
　　　　血管的位置，所以檯燈此時就派上用
　　　　場了。打開燈，照著指甲。

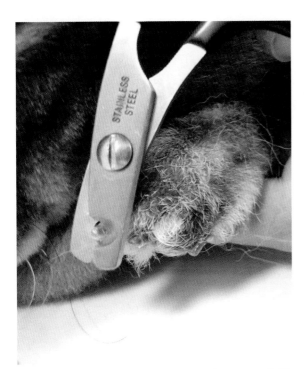

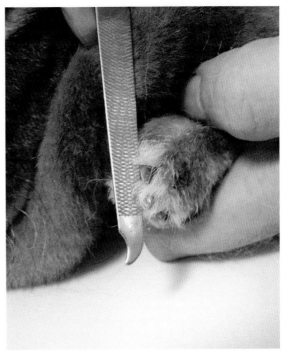

Step 4　：在離血管末梢2~3公厘處下刀，血管
　　　　末端之前有著一段白色的保護層，大
　　　　約是剪到白色部分前端就行了。不要
　　　　剪太短，否則會流血喲！萬一不慎失
　　　　手時要趕快撒上止血粉，可以馬上止
　　　　血。

Step 5　：用磨甲板將剪後尖銳的部分磨
　　　　圓，兔兔洗臉或耳朵時才不會刮
　　　　傷自己的皮膚。如果兔兔不願意
　　　　安靜下來磨指甲就別勉強牠。

## ■ 兔兔的正確保定法（正確抱法）

　　主人要清楚地學會如何正確地抱起兔兔，既讓兔兔感到舒適，自己也能不被兔兔抓傷。在此叮嚀大家 絕對不能捉提兔兔的耳朵，因為耳朵很脆弱敏感，同時上方佈滿神經及血管，平常擔任集音器和調節體溫的重要工作，隨意亂捉會傷害聽力，千萬使不得呀！主人要清楚地學會如何正確地抱起兔兔，既讓兔兔感到舒適，自己也能不被兔兔抓傷。在此叮嚀大家 絕對不能捉提兔兔的耳朵，因為耳朵很脆弱敏感，同時上方佈滿神經及血管，平常擔任集音器和調節體溫的重要工作，隨意亂捉會傷害聽力，千萬使不得呀！

方法A：適用於乖巧的兔兔

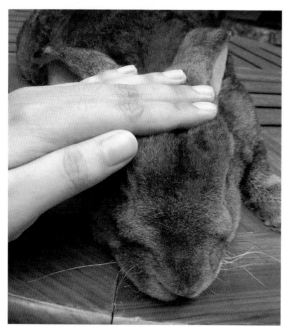

Step 1 ：先輕撫兔兔的頭幾下安撫牠。

Step 2 ：臉朝兔兔的背部方向，左手掌輕托著
兔兔的胸部，左手指握住兔兔的前
腳。

Step 3 ：右手掌托住兔兔的臀部往上抬起。

Step 4 ：成功保定後，讓兔兔的腹部貼著主人
胸前，這樣就可以抱著兔兔自在行走
了。

方法B：適用於調皮好動的兔兔

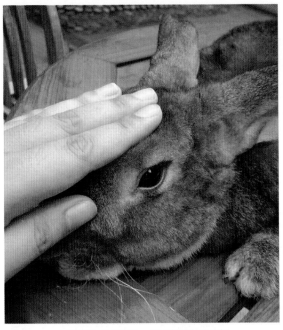

Step 1 ：輕撫兔兔的頭，呼喚牠的名字。

Step 2 ：臉朝兔兔的背部方向，右手輕拉兔兔頸部的皮，先不要施力。

Step 3 ：左手掌托住兔兔臀部。

Step 4 ：兩手都就緒後，同時往上抬起。

Step 5 ：保定後，將兔兔轉向貼住自己，同方法A之最後步驟。不管是哪種抱兔兔的姿勢，時間上都應該縮減到最短，儘快將兔兔放回地面上。

## ■ 食物保存術

　　台灣的天氣為海島型氣候，天氣多為潮溼的狀態，因此兔兔的食物如無妥善保存，很容易變質、遭害蟲入侵。害蟲不但會啃蝕兔兔的乾糧，還會帶菌和產卵，非旦不衛生，且有危害兔兔健康之虞。就讓我們一起來學習如何妥善保存乾糧，讓兔兔吃得安全又開心吧！

### 善用空保特瓶

　　喝過的空保持瓶不要隨意丟掉喲！要好好地利用資源回收垃圾。空保持瓶是很好的食品收納器。

Step 1：將洗過的保特瓶曬乾後置入乾燥劑。

Step 2：把漏斗置放在瓶口，倒入食材，可用
竹筷攪拌輔助裝瓶。

Step 3：邊倒邊將瓶身往下在桌面敲數下，使
食材妥善地裝在瓶中同時又沒有縫
隙。

Step 4：紮實地裝滿後，記得貼上記載日期和
品名的標籤就大功告成囉！

Step 5：各種食材、飼料、果實、藥草統統一
目了然！

善用紙盒、鐵盒

　　空的包裝盒、餅乾盒也一樣是食物收納的好幫手喲！

Step 1 ：將牧草分裝至中型夾鍊袋中。使用時一次又只開同一包。一部分一部分地分開包裝保存較不易變質。

Step 2 ：放入乾燥劑。
Step 3 ：將空氣徹底地擠押出。

Step 4 ：放入想收納的盒子中。
Step 5 ：保存在陰涼乾燥處就OK了。

## 利用市售密封罐、保鮮盒、密封夾

▲ 市售密封罐和保鮮盒也是不錯的選擇。密閉性佳又一目了然。密封夾可直接夾在未吃完的食物袋上方開口。

## 選購大型置物籃

▲ 如果家中兔口眾多，大型置物籃是牧草很棒的家，收納、美觀一次完成。

## 長期保存

　　如有大量、易壞或生鮮類等須長期保存的食材建議密封後放在冰箱，如拆封後的專用餅乾、水果乾、生鮮牧草等。

## ■ 兔籠掃除術

於現代人生活步調忙碌，兔兔除了遊戲
的時間外，一天中大部分的時間都待在
兔籠裡，因此保持清潔是何其重要。兔
兔只要籠子一不乾淨的話，就很容易生
病，每日基本的掃除是主人不可怠惰
的。如因主人忙碌沒時間或選用較好的
墊料除臭，一般兔籠的清潔需每日進
行。

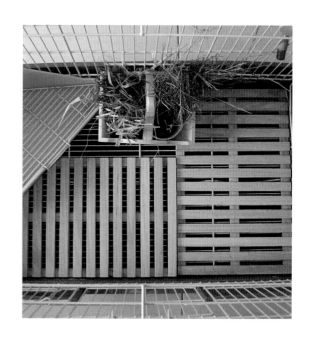

清潔用具

▲迷你掃把組、菜瓜布、科技海綿、鬃毛刷、平鏟、迷你奶瓶刷、環保清潔劑（或醋、檸檬酸、無
　患子）、抹布。

· 小髒

一日數次用小掃把掃草屑、便便。

· 中髒

將腳踏墊換洗。

· 大髒

按照步驟清洗整組兔籠。

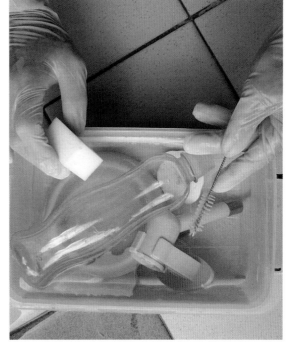

Step 1：先浸泡食器、水瓶、草架等小物。

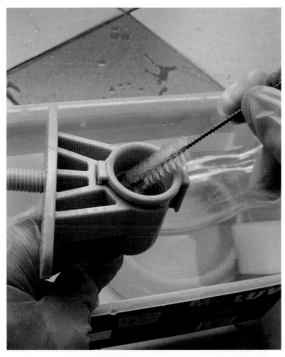

Step 2：用科技海綿沾水刷洗，不需清潔劑，
較無殘留問題。水瓶內側和出水口用
迷你奶瓶刷作清潔。如太髒可用以無
患子為原料的天然清潔劑，就算不慎
誤食也無中毒之虞。

Step 3：用刷子刷洗地墊。

Step 4 ：邊沖水邊用鬃毛刷刷掉底網表面尿漬。

Step 5 ：用平鏟將深層尿垢、軟便刮除。

Step 6 ：加入環保清潔劑，放置一會兒後用菜瓜布清洗。

Step 7 ：底座和籠子上蓋如法炮製。

Step 8 ：淨後用布擦乾或自然風乾就大功告成囉！記得要完全乾後再組合給兔兔使用哦！

## ■ 用品收納術

### 準備兔兔的保健急救箱

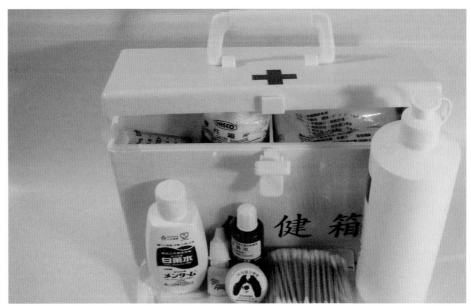

▲ 將日常的簡易藥品收納在急救箱中，以備不時之需。如生理食鹽水、優碘、白藥水、棉花棒、脫脂綿、外傷軟膏、止血粉、空針筒等等。

### 兔兔的貼身用品收納

▲ 如瓶子、剪毛刀、指甲刀等美容用品，可用網格小盒吊掛在兔兔搆不到的籠子外側上方，方便隨時拿取。

清潔用品收納

▲ 準備一片格網，利用小型的吊掛平台收所有清潔用品。要取用時一目了然。

# 4部曲
# 與兔共舞

## ■ 廁所漫談

廁所是用來便便的地方,兔兔的廁所,用途不只是「大便」喲!由於兔兔是群居的小動物,原本住在地底的洞穴迷宮裡,因為平常彼此很難見到面,於是牠們就選定某個小穴作為廁所。每隻兔兔都固定地那兒大便,如廁時順便聞聞別隻兔留下的訊息。

廁所真正的功能其實是「宣傳」,而且是最實際的「公佈欄」呢!這也就是為什麼只要讓家中兔兔擁有自己的便盆,耐心教導兔兔辨認並擺在牠喜歡的角落,兔兔就會自動自發地到便盆上廁所的原因了!

如果是放養的兔兔一定要有便盆來解決如廁問題,至於養在籠子的兔兔平常就會自己在角落便尿,排泄物會落到底盤;如果籠子夠大再擺便盆進去。至於籠外同樣必得有一個便盆以供活動時來使用。

▼ 教導兔兔使用便盆上廁所

Step 1 :選擇合適兔兔身材大小的便盆。

Step 2：在底盤鋪上自然素材的墊料，如牧草、木屑或木屑砂。

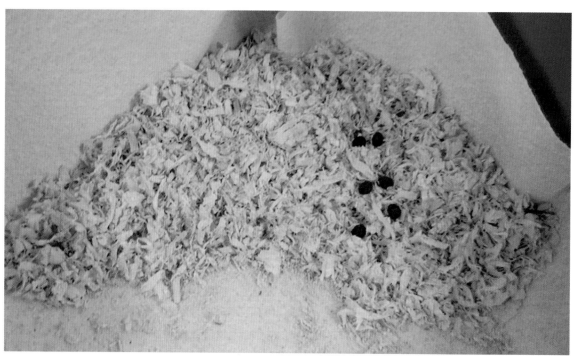

Step 3：灑幾顆糞便在墊料上。

Step 4 ：剛開始訓練時，每天兔兔只要一出籠子，就馬上把牠趕到便盆處。

Step 5 ：教牠蹲坐在上面，有上出來就讓牠離開。

Step 6：成功後拿牠喜愛的食物獎勵牠，別忘了溫柔地呼喚兔兔的名字並稱讚牠，「兔兔好乖、好棒喲！」

小 叮 嚀

每日重覆訓練數次，應該不出幾天就能自動自發上廁所囉！在尚未完全學會前，更換墊料時要保留少許沾有糞尿的部分，不要完全換掉。

**4**部曲

## ■ 服　從

一般朋友剎那間看到「服從主人」時可能會滿心狐疑，兔兔會像狗狗一樣服從主人？有可能嗎？其實兔兔只要適當地教導，讓牠明白主從關係，牠是會聽話的。只是兔兔不像狗狗的表情、動作豐富，平常也幾乎很少出聲，讓人誤以為兔兔不會聽話，甚至一直把把牠關在籠子裡，這樣的對待真的會讓兔兔感到很冤枉呢！筆者家的小KK在小時候經訓練後會玩跳圈圈的特技呦！兔兔是不是冰雪聰明又天真可愛呢！

### 賞與罰

在兔兔表現良好時，如自動上便盆、主動回籠子、跳到主人身上撒嬌時，別忘了犒賞、撫摸及稱讚牠，不時地和牠一起遊戲更是培養感情的好方法，用牧草編成束狀逗牠玩，或編織成草球和牠互推比賽，都會讓兔兔更貼近主人。
兔兔做錯事時，如亂啃傢俱、電線、書本等，大聲說：「不行！不可以！」同時用手指輕指牠的額頭幾下，馬上將牠關回籠子，讓牠了解做錯事就不能出來玩。但要逮捕到現行犯才適合這樣處罰，如果沒馬上制止，隔一會兒才罰牠會不知為什麼要被關，對主人的信賴會打折扣。賞罰分明，清楚地表現出主從關係，兔兔也會更好教養及管理。

## ■ 讓我們散步去

兔兔是需要戶外散步的，以彌補運動不足及缺乏日光的問題。

選個安全、空曠、有草皮的地方，將遛兔繩配戴在兔兔身上。首先，慢慢地跟著兔兔走，等牠習慣了陌生環境，還有可能會跑起來呢！這時主人就乖乖被兔兔遛吧！散步可同時陶冶主人和兔兔的性情。「遛兔」，這是一定要的啦！就讓我們一起來愉快地遛兔吧！

### 散步時的注意要點

天候是第一要考量的自然因素，氣溫太高或太低都不適宜。決定地點之後先、堪察的工作，確認沒有野狗出沒、

有無灑農藥、地面有無尖銳物品注意是 否有有毒植物等等，確認安全無虞之後再行溜兔。

▲ 溜兔繩的配戴法

Step 1 ：選擇長短大小合適的溜兔繩，以H型或8字型者為佳。

Step 2 ：先套上頸部的部份。

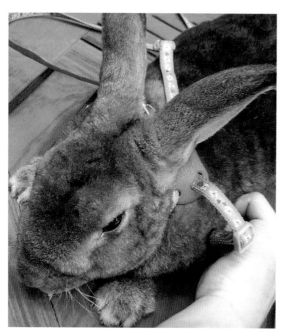

Step 3 ：將身體部份繞好，扣上扣環。

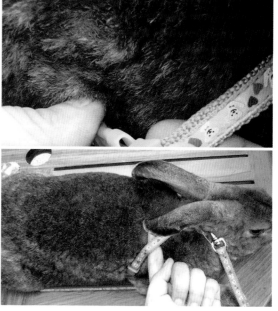

Step 4 ：調整好鬆緊程度，繩子和身體的間隙約為一指寬。

Step 5 ：完成！讓我們散步去！

# 5部曲
## 兔兔愛發問

# ■ 兔兔知識藏經閣

1、Q：兔兔的指甲共有幾隻?

A：前腳各5隻，後腳各4隻，一共 18隻。

2、Q：兔兔的尾巴為什麼那麼短?

A：尾巴長得短是為了不妨礙在原野 奔馳跳躍的行動，敵人追捕時可 以快速逃離保命。

3、Q：兔兔長在顏面兩側的眼睛可以看 的範圍廣度是?

A：兩眼共可看見360度的視野，如 果敵人由視野的任何一處出現， 可以立即發現。

4、Q：兔兔唯一看不見的死角是自己身 體的哪部分?

A：兔兔自己的頭部正後方是唯一死 角。

5、Q：兔兔的門牙一年一共長多長?

A：一年共長約10公分左右。1個月

約長8公厘至1公分，1年約在10 公分至12公分之間。所以終其一 生都要辛苦地不停磨牙。

6、Q：兔兔的嘴巴線條為什麼呈Y字型 呢?

A：為了方便吃植物的緣故。兔兔的 上唇中央是裂開呈兩片狀的，當 吃到一整棵草時可以方便隨時調 整嘴巴寬度，吃梗時縮小上唇寬 度，吃到梗葉一起的部位時就把 上唇向外側擴展，Y字型口唇真 的伸縮自如很方便進食植物。

7、Q：為什麼兔兔的鼻子總是上上下下 地動個不停?

A：為了可以隨時確認周圍的味道來 判斷是否有危險降臨。

8、Q：垂耳兔的幼兔打從一出生耳朵就
　　是下垂的嗎？

　A：不是。垂耳兔耳朵下垂完畢約為
　　出生後1至2個月者為較多。

9、Q：兔兔需要多久洗一次澡？

　A：兔兔沒有必要時不需要洗澡。兔
　　兔基本上幾乎沒有體臭，更何況
　　兔兔自己每天都會勤舔毛，是非
　　常愛乾淨的動物。沒事動不動就
　　幫牠洗澡，保護皮膚的皮脂容易
　　流失，皮膚酸鹼質改變，有皮膚

病的可能。也容易感冒。除非在
特別狀況下身體很髒才需洗澡。
如果屁股不潔或從外面散步回，
一般用水沖洗，儘速擦乾即可。

10、Q：為什麼在換季時，兔兔總是掉
　　很多毛？

　A：因為兔兔正在換新毛。一年中
　　主要會有兩次大換毛，一次在
　　夏秋交替時，另一次在冬春交
　　替時。換毛時主人要每天梳
　　毛，不宜怠惰。

11、Q：兔兔喝水會死掉？

A：不對，兔兔不喝水才會死掉。不知這個謬誤何以能流傳這麼久，懇切地希望這個謠言能立刻止於智者。哺乳動物的體內70%為水份，兔兔也不例外，水份是必需品。兔兔一天所需要水份，平均1公斤對應的水量約為50～100毫，水份的需要量會隨季節、氣候的變化而有所不同。只是水份攝取過量會有軟便產生，所以蔬果的量要加以管制，水瓶中的水則供其自由飲用。

12、Q：兔兔用來調節體溫的器官是？

A：耳朵是用來調節體?的重要器官。天冷時耳朵上豐富的毛細血管便收縮以保暖，天熱時血管便擴張來散熱。

13、Q：每隻兔兔都是一樣神經質的性格嗎？

A：不是的。神經質只是兔兔的天性之一，目的是為了生存。然而家兔已被人類馴養多年，事實上有許多親近人、不怕生的兔兔存在。通常兔兔的個性在出生時就已經決定，但儘管是孤僻的兔，只要主人肯付出耐心和愛心，無怨無悔地疼愛牠，終究還是有能夠改變牠的一天。

14、Q：母兔有月經嗎？

A：沒有。母兔是「交配性排卵」的動物，必須經公兔之性別刺激交配之後才會排卵、懷孕，和貓科動物相同，故平常沒有月經出血的困擾。

15、Q：迷你兔永遠長不大？

A：所有的兔兔都會長大。「迷你」一詞是外來語，是由 "minimum" 的簡稱 "mini" 而來。正統mini尺寸的兔兔在國外的標準是2至3公斤。後來又出現了更小的侏儒種（dwarf）。所

以迷你兔的體型是比侏儒兔還要大的。總是有不肖商人為賺錢而指稱未斷奶的幼兔是迷你兔且長不大，遇見時，請發揮正義感糾正他。

16、Q：兔兔的骨頭重量佔體重的比率是多少？

A：兔兔的骨頭重量僅佔體重約8%的比例。骨頭輕了是方便跳躍。順帶一提，貓的骨重比約13%，人類則為20%。

17、Q：兔兔的盲腸約為胃的幾倍大？

A：兔兔的盲腸約為胃的10倍大。盲腸位於腹部的右側，扮演著分解其他動物之消化器官難以分解的食物纖維之重要角色。

18、Q：兔兔所排泄的硬便和盲腸便的比率為？

A：8：2。一天的排泄量中，硬便約為80%，盲腸便約為20%。

19、Q：兔兔的心跳1分鐘是幾下？

A：平均心跳1分鐘約130下左右。當全力以赴地高速逃難時，通常心跳數增加3倍至300下以上。

20、Q：通常兔兔的體?是攝氏幾度？

A：正常為攝氏38~39.6度。超過時就是發燒，要趕緊看醫生。

21、Q：兔兔1分鐘呼吸幾次？

A：呼吸數依體重不同而有挺大差距，約32~60次。平均約為40次左右。

22、Q：家兔之祖先 ? 穴兔是何時開始家畜化？

A：穴兔家畜化始於羅馬時代。穴兔隨著19世紀時期載著食糧的航海船由歐洲逐漸分布到太平洋的島嶼，此時穴兔便開始家畜化。

23、Q：金氏世界紀錄中，世界上耳朵

**5部曲**

最長的兔兔是多長?

A：79公分。是由美國堪薩斯州一隻叫Nipper's Geronimo的兔兔保持耳朵最長冠軍。

24、Q：金氏世界紀錄中，一胎裡生最多隻兔兔的世界紀錄是幾幾隻?

A：24隻。分別於1978年和1999年有過紐西蘭兔一胎各生24隻兔嬰兒的紀錄。

25、Q：金氏世界紀錄中，世界上最長壽的兔兔是幾歲?

A：立下18歲又10個月21天最長壽的世界紀錄之兔兔是一隻叫做Flopsy的澳洲野兔。

| | |
|---|---|
| 作　　　者 | 凡妮莎 |
| 發 行 人 | 林敬彬 |
| 主　　　編 | 楊安瑜 |
| 編　　　輯 | 蔡穎如 |
| 美術編排 | 李坤城 |
| 封面設計 | 李坤城 |
| 出　　　版 | 大都會文化事業有限公司　行政院新聞局北市業字第89號 |
| 發　　　行 | 大都會文化事業有限公司 |
| | 110台北市基隆路一段432號4樓之9 |
| | 讀者服務專線：（02）27235216 |
| | 讀者服務傳真：（02）27235220 |
| | 電子郵件信箱：metro@ms21.hinet.net |
| | 網　　　址：www.metrobook.com.tw |
| 郵政劃撥 | 14050529 大都會文化事業有限公司 |
| 出版日期 | 2007年4月初版一刷 |
| 定　　　價 | 280 元 |
| I S B N | 978-986-6846-06-9 |
| 書　　　號 | Pets-011 |

First published in Taiwan in 2007 by Metropolitan Culture Enterprise Co., Ltd.

4F-9, Double Hero Bldg., 432, Keelung Rd., Sec. 1,

Taipei 110, Taiwan

Tel:+886-2-2723-5216　Fax:+886-2-2723-5220

E-mail:metro@ms21.hinet.net

Web-site:www.metrobook.com.tw

Copyright　©2007 by Metropolitan Culture

國家圖書館出版品預行編目資料

養兔寶典/凡妮莎　著‧-- 初版. -- 臺北市：
大都會文化發行, 2007〔民96〕
面：　公分. -- (Pets；11)

I S B N：978-986-6846-06-9 (平裝)
1. 兔‧飼養

437.68　　　　　　　　　96004800

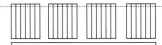

北 區 郵 政 管 理 局
登記證北台字第9125號
免　貼　郵　票

大都會文化事業有限公司
讀者服務部收

110 台北市基隆路一段432號4樓之9

寄回這張服務卡（免貼郵票）
您可以：
◎不定期收到最新出版訊息
◎參加各項回饋優惠活動

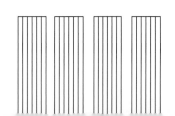

# 大都會文化 讀者服務卡

書名：SMART養兔寶典
謝謝您選擇了這本書！期待您的支持與建議，讓我們能有更多聯繫與互動的機會。
日後您將可不定期收到本公司的新書資訊及特惠活動訊息。

A.您在何時購得本書：_____年_____月_____日

B.您在何處購得本書：_____書店，位於_____(市、縣)

C.您從哪裡得知本書的消息：
  1.□書店　2.□報章雜誌　3.□電台活動　4.□網路資訊
  5.□書籤宣傳品等　6.□親友介紹　7.□書評　8.□其他

D.您購買本書的動機：（可複選）
  1.□對主題或內容感興趣　2.□工作需要　3.□生活需要
  4.□自我進修　5.□內容為流行熱門話題　6.□其他

E.您最喜歡本書的：（可複選）
  1.□內容題材　2.□字體大小　3.□翻譯文筆　4.□封面　5.□編排方式　6.□其他

F.您認為本書的封面：1.□非常出色　2.□普通　3.□毫不起眼　4.□其他

G.您認為本書的編排：1.□非常出色　2.□普通　3.□毫不起眼　4.□其他

H.您通常以哪些方式購書：(可複選)
  1.□逛書店　2.□書展　3.□劃撥郵購　4.□團體訂購　5.□網路購書　6.□其他

I.您希望我們出版哪類書籍：（可複選）
  1.□旅遊　2.□流行文化　3.□生活休閒　4.□美容保養　5.□散文小品
  6.□科學新知　7.□藝術音樂　8.□致富理財　9.□工商企管　10.□科幻推理
  11.□史哲類　12.□勵志傳記　13.□電影小說　14.□語言學習（____語）
  15.□幽默諧趣　16.□其他

J.您對本書(系)的建議：
_____

K.您對本出版社的建議：
_____

讀者小檔案
姓名：_____性別：□男 □女　生日：___年___月___日
年齡：1.□20歲以下 2.□21—30歲 3.□31—50歲 4.□51歲以上
職業：1.□學生 2.□軍公教 3.□大眾傳播 4.□服務業 5.□金融業 6.□製造業
　　　7.□資訊業 8.□自由業 9.□家管 10.□退休 11.□其他
學歷：□國小或以下 □國中 □高中／高職 □大學／大專 □研究所以上
通訊地址：_____
電話：（H）_____（O）_____傳真：_____
行動電話：_____E-Mail：_____

◎謝謝您購買本書，也歡迎您加入我們的會員，請上大都會文化網站www.metrobook.com.tw登錄
　您的資料。您將不定期收到最新圖書優惠資訊和電子報。

# 大都會文化圖書目錄

## ●度小月系列

| 書名 | 價格 | 書名 | 價格 |
|---|---|---|---|
| 路邊攤賺大錢【搶錢篇】 | 280元 | 路邊攤賺大錢2【奇蹟篇】 | 280元 |
| 路邊攤賺大錢3【致富篇】 | 280元 | 路邊攤賺大錢4【飾品配件篇】 | 280元 |
| 路邊攤賺大錢5【清涼美食篇】 | 280元 | 路邊攤賺大錢6【異國美食篇】 | 280元 |
| 路邊攤賺大錢7【元氣早餐篇】 | 280元 | 路邊攤賺大錢8【養生進補篇】 | 280元 |
| 路邊攤賺大錢9【加盟篇】 | 280元 | 路邊攤賺大錢10【中部搶錢篇】 | 280元 |
| 路邊攤賺大錢11【賺翻篇】 | 280元 | 路邊攤賺大錢12【大排長龍篇】 | 280元 |

## ●DIY系列

| 書名 | 價格 | 書名 | 價格 |
|---|---|---|---|
| 路邊攤美食DIY | 220元 | 嚴選台灣小吃DIY | 220元 |
| 路邊攤超人氣小吃DIY | 220元 | 路邊攤紅不讓美食DIY | 220元 |
| 路邊攤流行冰品DIY | 220元 | 路邊攤排隊美食DIY | 220元 |

## ●流行瘋系列

| 書名 | 價格 | 書名 | 價格 |
|---|---|---|---|
| 跟著偶像FUN韓假 | 260元 | 女人百分百─男人心中的最愛 | 180元 |
| 哈利波特魔法學院 | 160元 | 韓式愛美大作戰 | 240元 |
| 下一個偶像就是你 | 180元 | 芙蓉美人泡澡術 | 220元 |
| Men力四射─型男教戰手冊 | 250元 | 男體使用手冊─35歲+♂保健之道 | 250元 |

## ●生活大師系列

| 書名 | 價格 | 書名 | 價格 |
|---|---|---|---|
| 遠離過敏<br>─打造健康的居家環境 | 280元 | 這樣泡澡最健康<br>─紓壓・排毒・瘦身三部曲 | 220元 |
| 兩岸用語快譯通 | 220元 | 台灣珍奇廟─發財開運祈福路 | 280元 |
| 魅力野溪溫泉大發見 | 260元 | 寵愛你的肌膚─從手工香皂開始 | 260元 |
| 舞動燭光<br>─手工蠟燭的綺麗世界 | 280元 | 空間也需要好味道<br>─打造天然香氛的68個妙招 | 260元 |
| 雞尾酒的微醺世界<br>─調出你的私房Lounge Bar風情 | 250元 | 野外泡湯趣<br>─魅力野溪溫泉大發見 | 260元 |
| 肌膚也需要放輕鬆<br>─徜徉天然風的43項舒壓體驗 | 260元 | 辦公室也能做瑜珈<br>─上班族的舒壓活力操 | 220元 |
| 別再說妳不懂車<br>─男人不教的Know How | 249元 | 一國兩字<br>─兩岸用語快譯通 | 200元 |
| 宅典 | 288元 | | |

## ●寵物當家系列

| | | | |
|---|---|---|---|
| Smart養狗寶典 | 380元 | Smart養貓寶典 | 380元 |
| 貓咪玩具魔法DIY<br>—讓牠快樂起舞的55種方法 | 220元 | 愛犬造型魔法書<br>—讓你的寶貝漂亮一下 | 260元 |
| 漂亮寶貝在你家<br>—寵物流行精品DIY | 220元 | 我的陽光‧我的寶貝<br>—寵物真情物語 | 220元 |
| 我家有隻麝香豬—養豬完全攻略 | 220元 | SMART養狗寶典（平裝版） | 250元 |
| 生肖星座招財狗 | 200元 | SMART養貓寶典（平裝版） | 250元 |
| SMART養兔寶典 | 280元 | | |

## ●人物誌系列

| | | | |
|---|---|---|---|
| 現代灰姑娘 | 199元 | 黛安娜傳 | 360元 |
| 船上的365天 | 360元 | 優雅與狂野—威廉王子 | 260元 |
| 走出城堡的王子 | 160元 | 殞逝的英格蘭玫瑰 | 260元 |
| 貝克漢與維多利亞<br>—新皇族的真實人生 | 280元 | 幸運的孩子<br>—布希王朝的真實故事 | 250元 |
| 瑪丹娜—流行天后的真實畫像 | 280元 | 紅塵歲月—三毛的生命戀歌 | 250元 |
| 風華再現—金庸傳 | 260元 | 俠骨柔情—古龍的今生今世 | 250元 |
| 她從海上來—張愛玲情愛傳奇 | 250元 | 從間諜到總統—普丁傳奇 | 250元 |
| 脫下斗篷的哈利<br>—丹尼爾‧雷德克里夫 | 220元 | 蛻變<br>—章子怡的成長紀實 | 260元 |
| 強尼戴普<br>—可以狂放叛逆，也可以柔情感性 | 280元 | 棋聖 吳清源 | 280元 |

## ●心靈特區系列

| | | | |
|---|---|---|---|
| 每一片刻都是重生 | 220元 | 給大腦洗個澡 | 220元 |
| 成功方與圓—改變一生的處世智慧 | 220元 | 轉個彎路更寬 | 199元 |
| 課本上學不到的33條人生經驗 | 149元 | 絕對管用的38條職場致勝法則 | 149元 |
| 從窮人進化到富人的29條處事智慧 | 149元 | 成長三部曲 | 299元 |
| 脫下斗篷的哈利<br>—丹尼爾‧雷德克里夫 | 220元 | 當成功遇見你<br>—迎向陽光的信心與勇氣 | 180元 |
| 改變，做對的事 | 180元 | 智慧沙 | 199元 |
| 課堂上學不到的100條人生經驗 | 199元 | 不可不防的13種人 | 199元 |
| 不可不知的職場叢林法則 | 199元 | 打開心裡的門窗 | 200元 |

## ●SUCCESS系列

| | | | |
|---|---|---|---|
| 七大狂銷戰略 | 220元 | 打造一整年的好業績<br>—店面經營的72堂課 | 200元 |
| 超級記憶術<br>—改變一生的學習方式 | 199元 | 管理的鋼盔<br>—商戰存活與突圍的25個必勝錦囊 | 200元 |
| 搞什麼行銷<br>—152個商戰關鍵報告 | 220元 | 精明人聰明人明白人<br>—態度決定你的成敗 | 200元 |
| 人脈=錢脈<br>—改變一生的人際關係經營術 | 180元 | 週一清晨的領導課 | 160元 |
| 搶救貧窮大作戰の48條絕對法則 | 220元 | 絕對中國製造的58個管理智慧 | 200元 |
| 客人在哪裡？<br>—決定你業績倍增的關鍵細節 | 200元 | 搜驚‧搜精‧搜金 —從 Google<br>的致富傳奇中，你學到了什麼？ | 199元 |
| 殺出紅海<br>—漂亮勝出的104個商戰奇謀 | 220元 | 商戰奇謀36計<br>現代企業生存寶典I | 180元 |
| 商戰奇謀36計<br>—現代企業生存寶典II | 180元 | 商戰奇謀36計<br>現代企業生存寶典III | 180元 |
| 幸福家庭的理財計畫 | 250元 | 巨賈定律— 商戰奇謀36計 | 498元 |
| 有錢真好！輕鬆理財的10種態度 | 200元 | 創意決定優勢 | 180元 |
| 我在華爾街的日子 | 220元 | 贏在關係<br>—勇闖職場的人際關係經營術 | 180元 |

## ●都會健康館系列

| | | | |
|---|---|---|---|
| 秋養生—二十四節氣養生經 | 220元 | 春養生—二十四節氣養生經 | 220元 |
| 夏養生—二十四節氣養生經 | 220元 | 冬養生—二十四節氣養生經 | 220元 |
| 春夏秋冬養生套書 | 699元 | 寒天— 0 卡路里的健康瘦身新主張 | 200元 |
| 地中海纖體美人湯飲 | 220元 | | |

## ●CHOICE系列

| | | | |
|---|---|---|---|
| 入侵鹿耳門 | 280元 | 蒲公英與我—聽我說說畫 | 220元 |
| 入侵鹿耳門（新版） | 199元 | 舊時月色（上輯＋下輯） | 180元 |
| 清塘荷韻 | 280元 | 飲食男女 | 200元 |

## ●FORTH系列

| | | | |
|---|---|---|---|
| 印度流浪記—滌盡塵俗的心之旅 | 220元 | 胡同面孔—古都北京的人文旅行地圖 | 280元 |
| 尋訪失落的香格里拉 | 240元 | 今天不飛—空姐的私旅圖 | 220元 |

| | | | |
|---|---|---|---|
| 紐西蘭奇異國 | 200元 | 從古都到香格里拉 | 399元 |
| 馬力歐帶你瘋台灣 | 250元 | 瑪杜莎豔遇鮮境 | 180元 |

●大旗藏史館

| | | | |
|---|---|---|---|
| 大清皇權遊戲 | 250元 | 大清后妃傳奇 | 250元 |
| 大清官宦沉浮 | 250元 | 大清才子命運 | 250元 |
| 開國大帝 | 220元 | | |

●大都會運動館

| | | | |
|---|---|---|---|
| 野外求生寶典 —活命的必要裝備與技能 | 260元 | 攀岩寶典 —安全攀登的入門技巧與實用裝備 | 260元 |

●大都會休閒館

| | | | |
|---|---|---|---|
| 賭城大贏家 —逢賭必勝祕訣大揭露 | 240元 | 旅遊達人 —行遍天下的109個Do & Don't | 250元 |
| 萬國旗之旅—輕鬆成為世界通 | 240元 | | |

●BEST系列

| | | | |
|---|---|---|---|
| 人脈=錢脈 —改變一生的人際關係經營術 （典藏版） | 199元 | | |

●FOCUS系列

| | | | |
|---|---|---|---|
| 中國誠信報告 | 250元 | 中國誠信的背後 | 250元 |
| 誠信—中國誠信報告 | 250元 | | |

●禮物書系列

| | | | |
|---|---|---|---|
| 印象花園 梵谷 | 160元 | 印象花園 莫內 | 160元 |
| 印象花園 高更 | 160元 | 印象花園 竇加 | 160元 |
| 印象花園 雷諾瓦 | 160元 | 印象花園 大衛 | 160元 |
| 印象花園 畢卡索 | 160元 | 印象花園 達文西 | 160元 |
| 印象花園 米開朗基羅 | 160元 | 印象花園 拉斐爾 | 160元 |
| 印象花園 林布蘭特 | 160元 | 印象花園 米勒 | 160元 |
| 絮語說相思 情有獨鍾 | 200元 | | |

●工商管理系列

| | | | |
|---|---|---|---|
| 二十一世紀新工作浪潮 | 200元 | 化危機為轉機 | 200元 |
| 美術工作者設計生涯轉轉彎 | 200元 | 攝影工作者快門生涯轉轉彎 | 200元 |
| 企劃工作者動腦生涯轉轉彎 | 220元 | 電腦工作者滑鼠生涯轉轉彎 | 200元 |
| 打開視窗說亮話 | 200元 | 文字工作者撰錢生活轉轉彎 | 220元 |

| | | | |
|---|---|---|---|
| 挑戰極限 | 320元 | | |
| 30分鐘行動管理百科（九本盒裝套書） | | 799元 | |
| 30分鐘教你自我腦內革命 | 110元 | | |
| 30分鐘教你樹立優質形象 | 110元 | 30分鐘教你錢多事少離家近 | 110元 |
| 30分鐘教你創造自我價值 | 110元 | 30分鐘教你Smart解決難題 | 110元 |
| 30分鐘教你如何激勵部屬 | 110元 | 30分鐘教你掌握優勢談判 | 110元 |
| 30分鐘教你如何快速致富 | 110元 | 30分鐘教你提昇溝通技巧 | 110元 |

●精緻生活系列

| | | | |
|---|---|---|---|
| 女人窺心事 | 120元 | 另類費洛蒙 | 180元 |
| 花落 | 180元 | | |

●CITY MALL系列

| | | | |
|---|---|---|---|
| 別懷疑！我就是馬克大夫 | 200元 | 愛情詭話 | 170元 |
| 唉呀！真尷尬 | 200元 | 就是要賴在演藝圈 | 180元 |

●親子教養系列

| | | |
|---|---|---|
| 孩童完全自救寶盒（五書+五卡+四卷錄影帶） | | 3,490元（特價2,490元） |
| 孩童完全自救手冊—這時候你該怎麼辦（合訂本） | | 299元 |
| 我家小孩愛看書 | 天才少年的5種能力 | 280元 |
| —Happy學習easy go！ | 200元 | |
| 哇塞！你身上有蟲！—學校忘了買、老師不敢教，史上最髒的教科書 | | 250元 |

●新觀念美語

NEC新觀念美語教室12,450元（八本書+48卷卡帶）

**◎關於買書：**

1、大都會文化的圖書在全國各書店及誠品、金石堂、何嘉仁、搜主義、敦煌、紀伊國屋、諾貝爾等連鎖書店均有販售，如欲購買本公司出版品，建議你直接洽詢書店服務人員以節省您寶貴時間，如果書店已售完，請撥本公司各區經銷商服務專線洽詢。

北部地區：(02)29007288　桃竹苗地區：(03)2128000　中彰投地區：(04)27081282
雲嘉地區：(05)2354380　臺南地區：(06)2642655　高雄地區：(07)3730079
屏東地區：(08)7376441

2、到以下各網路書店購買：
大都會文化網站（http://www.metrobook.com.tw）
博客來網路書店（http://www.books.com.tw）
金石堂網路書店（http://www.kingstone.com.tw）

3、到郵局劃撥：
戶名：大都會文化事業有限公司　帳號：14050529

4、親赴大都會文化買書可享8折優惠。